温州地方蔬菜品种集锦

黄文斌 主编

娄建英 徐 坚 李秀仁 副主编

中国农业出版社

图书在版编目（CIP）数据

温州地方蔬菜品种集锦／黄文斌主编．—北京：中国农业出版社，2010.9
ISBN 978-7-109-14822-2

Ⅰ．①温… Ⅱ．①黄… Ⅲ．①蔬菜-品种-温州市 Ⅳ．①S630．292

中国版本图书馆CIP数据核字（2010）第190233号

中国农业出版社出版
（北京市朝阳区农展馆北路2号）
（邮政编码 100125）
责任编辑 舒薇 贺志清

中国农业出版社印刷厂印刷 新华书店北京发行所发行
2013年10月第1版 2013年10月北京第1次印刷

开本：850mm×1168mm 1/32 印张：5
字数：116千字
定价：30.00元

《温州地方蔬菜品种集锦》编委会

主　编　黄文斌

副主编　娄建英　徐　坚　李秀仁

编委会成员　陈先知　张士梁　熊自立
朱剑桥　朱隆静　宰文珊
宋宏峰　罗利敏　陈小旭
谢庆池　郑　华　杨柳凤
陈存厚　周荣弟　伍祥来
徐少波　杨益鹏　陈小玲
阮允滔　王　燕

序

近年来，随着农业产业结构调整的不断深入，温州蔬菜产业迅速发展，并成为具有较强竞争力和较高经济效益的农业产业，与粮食、畜牧、水果、茶叶、食用菌、中药材、水产品、笋竹、花卉苗木等产业一道列入温州十大农业主导产业。目前，温州蔬菜种植面积已稳定在110万亩*左右，其播种面积、总产量、总产值在经济作物中占第一位，成为温州农业的支柱产业之一。

温州蔬菜栽培历史悠久，受长期的生产实践和生态环境影响，演化出蔬菜各种各样的变种、类型和品种，产生了非常丰富的地方特色种质资源，同时，温州蔬菜生产坚持走良种化、设施化、标准化、品牌化的发展道路，引种了一大批国内外蔬菜新品种，进一步丰富了温州蔬菜的品种资源。多元化的蔬菜良种为温州蔬菜产业的可持续发展奠定了坚实基础。

黄文斌等同志多年从事蔬菜良种生产经营和技术推广，善于学习思考，善于总结创新，从地方蔬菜种质资

* 亩为非法定计量单位，1亩≈667米^2。

源和当家良种、生产条件以及种植配套技术入手，对温州蔬菜品种进行了实地考察、全面普查、搜集整理，精心编撰了《温州地方蔬菜品种集锦》。该书全面介绍温州蔬菜品种、主要生物学特性和关键栽培技术要点，具有很强的实用性和针对性，对从事蔬菜生产、科研和技术推广等方面的人员有很强的指导作用和实用价值，对各地蔬菜生产发展也有很好的借鉴作用。

值此该书出版之际，特作序为贺。

温州市农业局局长

2010年8月26日

前　言

随着蔬菜产业的发展，一些综合性状优良的新品种逐步替代了地方特色蔬菜品种。浙江省温州地处我国东南沿海，有平原、山地、丘陵，地理环境多样化，历史上流动人口来往频繁，再加上沿海、山区气候多变等因素，形成了温州很多风味独特、外形有特色或营养特异的地方蔬菜品种。近几年，由于蔬菜生产商品化发展，一些地方品种在抗性、产量、品质等方面存在缺陷，逐渐被杂优新品种替代而消失，故对现有的地方蔬菜品种进行调查，加以整理选择，并进行利用开发，是一件非常有意义的事。

早在20世纪80年代，温州市园艺学会蔬菜学组就对温州市蔬菜品种，特别是地方蔬菜品种进行了全面深入的调查，编写了一本《温州蔬菜品种志》。受当时条件限制，该书以温州市郊区蔬菜基地品种为主，仅以文字加以说明，缺少直观的照片。这次，温州市科技局于2008年立题，由温州市神鹿种业有限公司和温州市蔬菜研究所合作，开展了《温州地方蔬菜品种资源收集及利用开发》项目研究，经过两年多的深入调查，并收集了部分品种的种子种苗，在原《温州蔬菜品种志》的基础上，增加了温州各县（市）的地方特色蔬菜品种，按农业生物学特性分成12大类，总共记录了145个品种，大部分拍照存档。由于时间有限，很多地方特色蔬菜品种未能入编，在调查过程中，我们深深感到地方蔬菜品种资源的收集和保存是一项长期的工作，虽然很多品种在生产上已不能应用，但作为种质资源，还是非常有价值的育种材料。

在本书编写的过程中，受到各级领导和广大蔬菜工作者的大力支持，在此深表谢意！中国农业科学院蔬菜花卉研究所刘玉梅研究员、浙江省农业科学院韦顺恋研究员也对本书的编写作了一些指导，温州市农业局方勇军局长在百忙之中抽出时间为本书作序，温州市政府副食品办公室还特地召开会议，要求各县（市）蔬菜办公室人员以这项调查为契机，尽量提供方便，为温州地方蔬菜品种的调查出谋划策。还有温州市郊及各县（市）的菜农周岩新、谢修贤、姜茂钏、胡松良、郑宝昌、周运道等为本书的编写提供了帮助，在此一并表示感谢！

由于水平有限，时间仓促，再加上地方蔬菜品种的收集和整理工作涉及面广，未及全面细致调查，故缺漏或谬误之处在所难免，敬请广大读者指正。

编　者

2013年8月

目录

一、根菜类

1.1 芜菁

学名：*Brassica rapa* L. 十字花科 芜青

1.1.1 楠溪盘菜

品种名称：楠溪盘菜、温州盘菜、中缨盘菜。

栽培历史：农家品种，栽培历史悠久。于2005年经浙江省非主要农作物品种认定委员会认定，认定编号：浙认蔬2005005。

产地分布：瓯海区、瑞安市、永嘉县、文成县等地山区或半山区均有种植。

植物学特征：植株株高25cm，开展度76cm，叶簇横展匍匐，花叶型，叶片长倒卵形，最大叶长35cm，宽15cm，叶色绿带微黄，叶柄绿白色，叶脉绿白色，梢部绿色，正背面一致。叶缘波状有钝锯齿，羽状全裂，有裂片3～5对，叶面有刺毛。肉质根扁圆如盘，高约6cm，横径14 cm，皮色微黄白，肉质白色。单根重约1kg。

农业生物学特性：温州盘菜性喜冷凉，苗期较耐热。凉爽山区可在立秋前后播种，以提早上市；滨海平原地区一般在处暑后播种，亦可延迟到10月上旬。播后3～4天出苗，出苗后20天主根破肚，开始膨大为肉质根，苗期30天。山区11月上旬至下旬采收，滨海平原地区12月中旬至翌年1月下旬采收。从播种到采收100天。

忌高温，苗期较耐热，不耐旱涝，易遭蚜虫为害，易发生病毒病。亩栽2 500～3 000株，亩产3 000kg。

肉质根组织致密，味甜带辣，熟食细嫩，生食脆而爽口。熟食、生食、腌渍、酱制均各有风味，品质优良。肉质根可贮藏至翌年3月，如贮藏时间过长，次生韧皮部木质化，并抽薹，品质变劣。

综合评价：属中缨性状，适应性广，品质佳，风味独特。

1.1.2 瑞安大缨盘菜

品种名称：大缨盘菜、瑞安大缨盘菜。

栽培历史：农家品种，栽培已有170年以上，来源待考。

产地分布：瑞安市、平阳县等地山区或半山区均有少面积种植。

植物学特征：植株株高25cm，开展度90cm，叶簇横展匍匐，花叶型，叶片长倒卵形，最大叶长45cm，宽17cm，叶色黄

绿，正背面基本一致，正面有光泽，叶柄长6cm，绿白色，叶脉基部绿白色，梢部绿色，正背面一致。叶缘波状有钝锯齿，羽状全裂，有裂片3～5对，叶柄两侧生有多数形状不一的细小叶翼。一般植株叶正背面无刺毛。采收时全株叶片数38～40片。肉质根扁圆如盘，高8cm，横径18cm，全部暴露土面，表皮黄白色，根基部有残留的叶痕，肉质白色。单根重1～2kg。

农业生物学特性：温州盘菜性喜冷凉，苗期较耐热。8月下旬至9月上旬播种，播后3～4天出苗，出苗后20天主根破肚，开始膨大为肉质根，苗期30天。9月下旬至10月上旬定植，12月中旬至翌年1月下旬陆续采收。从播种到采收90～100天。单株种子量约25～50g，千粒重1.3g。

忌高温，苗期较耐热，不耐旱涝，易遭蚜虫为害，易发生病毒病。亩栽2 500～3 000株，亩产3 000～4 000kg。

肉质根组织致密，味甜带辣，熟食细嫩，生食脆而爽口。熟食、生食、腌渍、酱制各有风味，品质优良。肉质根可贮藏

至翌年3月，如贮藏时间过长，次生韧皮部木质化，并抽薹，品质变劣。

综合评价：生长势强。

1.2 萝卜

学名：*Raphanus sativus* L. 十字花科

1.2.1 浙大长萝卜

品种名称：浙大长萝卜。

栽培历史：20世纪50年代*从杭州引进，栽培历史悠久。

产地分布：永嘉县、苍南县等地山区或半山区均有种植。

植物学特征：植株株高60cm，开展度54cm，叶簇半直

*本书年代如无特殊说明，均指20世纪。

立，花叶型，叶片长倒卵形，外叶下垂，最大叶长37cm，叶宽15cm，深绿色，叶柄淡绿色，叶脉淡绿色，叶缘深裂，有裂片13对，叶面被刺毛并有蜡粉。肉质根长40 ~65cm，横径5.5~10 cm，长圆筒形，尾端钝尖，2/5入土。外皮黄白色，肉质白色，皮较厚，单根重1~3.5kg。

农业生物学特性：8月中旬至9月上旬播种，11月下旬至12月上旬采收，从播种到采收100天。对毒素病的抵抗力强，适应性较大。肉质松脆，味稍辣，水分多，易糠心，品质中等，一般供熟食、腌渍加工等。亩产4 000~5 000kg。

综合评价：长势旺、抗性强、产量高，品质较差，近年退化严重。

1.3 胡萝卜

1.3.1 红萝卜

品种名称：红萝卜。

栽培历史：农家品种，栽培历史悠久。

产地分布：瑞安市、瓯海区慈湖一带有种植。

植物学特征：植株株高70cm，开展度35cm。叶簇半直立，三回羽状复叶，叶片三角形，叶长23cm，宽11cm，绿色。叶柄长45cm，绿色，柄基部淡绿色。肉质根长19cm，横径3.5cm，长圆锥形或圆柱形，外皮橙红色，根头部暗绿色。肉质橙红色，韧皮部与木质部色泽一致，髓横径1.2cm。单根重130g。

农业生物学特性：从播种到采收100天以上，8月上旬播种，11月中旬至12月下旬陆续采收。耐寒力强。肉质较粗硬，水分较少，味甜，供熟食或作饲料。亩产2 500~3 000kg。

综合评价：适应本地气候，在外来杂交种的冲击下，作为农家品种仍有生命力保存下来。

1.3.2 黄萝卜

品种名称：黄萝卜。

栽培历史：农家品种，栽培历史悠久。

产地分布：瓯海区慈湖一带有种植。

植物学特征：植株株高71cm。开展度36cm。叶簇半直立，三回羽状复叶，叶片三角形，叶长24cm，叶宽16cm，黄绿色。叶柄长47cm，绿色，柄基部淡绿色。肉质根长圆柱形，长19cm，横径3.3cm，外皮橙黄色，韧皮部杏黄色，木质部淡黄色，髓横径1.2cm。单根重0.12kg。

农业生物学特性：从播种到采收100天以上，8月上旬至中旬播种，11月中旬至12月下旬陆续采收。耐寒力强。肉质较粗硬，水分中等，味稍甜，品质不及红萝卜。供熟食或作饲料。亩产2 500～3 000kg。

综合评价：地方特色品种，外观色泽独特。

1.4 芜菁甘蓝

学名：*Brassica napobrassica* Mill. 十字花科

1.4.1 大头菜（芜菁甘蓝）

品种名称：大头菜。

栽培历史：引入浙江温州市栽培已数十年。

产地分布：瑞安市、瓯海区永强和梧埏等地有种植。

植物学特征：植株株高47cm。开展度46cm。叶簇较直立，叶片长倒卵形，最大叶长45cm，叶宽14cm，深绿色被蜡粉。叶柄绿色被蜡粉，叶缘具锯齿，深裂，有裂片3～6对。肉质根长16cm，横径17cm。圆球形，3/4入土，外皮黄白色，肉质白色，髓部最大横径15cm。单根重2～3kg。

农业生物学特性：从定植到采收90天以上，8月上旬至11月上旬播种，9月上旬至12月上旬定植，12月上旬至翌年4月上旬采收。耐寒，生长势强。肉质致密，水分少，味甜，品质中等。亩产3 500～5 000kg。

综合评价：栽培条件要求不严、易种，产量高，耐贮运。

二、白菜类

2.1 不结球白菜

学名：*Brassica campestris* ssp. *chinensis* Makino. 十字花科

2.1.1 早油冬

品种名称：油冬菜。

栽培历史：从杭州引入，在乐清市栽培已久。

产地分布：乐清市各蔬菜基地均有栽培。

植物学特征：植株矮，直立，株高30cm，开展度38cm。叶片数为16片，椭圆形，最大叶长260，宽为12cm，深绿色，叶面光滑；叶柄浅绿色，长为12cm，宽为5cm，厚0.6cm ，单株重1.1kg。

农业生物学特性：乐清市栽培一般8月中旬至9月下旬播种，从播种到采收70～80天。耐寒，较抗病，风味甜，纤维少，品质佳，供熟食或腌制。亩产3 000kg。

综合评价：株型小，纤维少，品质佳。

2.1.2 中油冬

品种名称：中油冬。

栽培历史：农家品种，栽培历史悠久。

产地分布：乐清市，永嘉县等地有种植。

植物学特征：植株株高40cm，开展度35cm，叶卵圆形，全株叶片数18片，最大叶长40cm，叶宽24cm，叶色深绿，叶面光滑，叶柄浅绿色，肥厚，叶柄长14cm，宽7.5cm，厚1.5cm，单株重1.3kg。

农业生物学特性：从播种到采收约90天，8中旬至9月播种，11～12月采收。耐寒，较抗病，品质优良，供炒食或腌制，亩产3 900kg。

综合评价：中熟品种，株型中等，品质优良。

2.1.3 新桥迟油冬

品种名称：迟油冬、新桥迟油冬。

栽培历史：栽培历史悠久。

产地分布：温州市各县（市、区）蔬菜基地，以及山区，半山区农村都有种植。

植物学特征：植株矮座，直立紧凑，株高26.5cm，开展度35.6cm，基部膨大。叶椭圆形，长28.7cm，叶宽17cm，浓绿色，蜡质光泽。叶全缘，叶脉粗稀，叶片数为18～19片；叶柄长15.7cm，宽5.9cm，厚0.85cm。绿色，微凹，光滑。单株重1.6kg。

农业生物学特性：晚熟品种，适越冬栽培。12月至翌年2月播种，育苗移栽，苗龄约40天。清明前后上市，解决春淡好品种。生长期120～150天。耐寒性强，较抗病，品质优。供熟食或腌制。亩产约4 800kg。

综合评价：迟熟品种，产量高，较耐抽薹。

2.1.4 白油冬

品种名称：白油冬、清明迟油冬。
栽培历史：在浙江温州市栽培已久。
产地分布：温州各县（市、区）山区、半山区都有种植。

植物学特征：植株矮，直立，株高35.8cm，开展度40～45cm。叶基部膨大，束腰。叶椭圆形，叶长37.9cm，叶宽21.7cm，叶色深绿色，叶面光滑，叶全缘，叶脉粗稀，叶片数为20片；叶柄长17.1cm，宽8.45cm，厚1cm。绿白色，微凹肥厚，光滑。单株重1.76kg。

农业生物学特性：晚熟品种、耐抽薹，适秋冬播越冬栽培。8月中旬至11月上旬播种，育苗移栽，苗龄25～40天。生长期120～150天。耐寒性强，较抗病，品质优。供熟食或腌制。亩产约5 000kg。

综合评价：叶柄色泽稍绿偏白，耐寒性强。

2.1.5 蚕白菜

品种名称：蚕白、温州蚕白。

栽培历史：栽培历史悠久。1986年，温州三角种业有限公司从城郊九山村采集资源进行提纯复壮，定名为温州蚕白，向省内外推广。

产地分布：温州市郊及各县（市、区）蔬菜基地均有种植。

植物学特征：植株直立，株高52cm，开展度40cm。单株重1.3kg。散播密植植株高42.7cm，开展度35cm。单株重0.35kg，叶卵圆形，叶长49cm，叶宽18.6cm，黄绿色，叶面平滑；叶柄白色，基部肥厚；叶柄长31cm，叶柄宽3.3cm，叶柄厚0.4cm。

农业生物学特性：中熟，耐抽薹，以春播为主。从播种到采收85天，1月至2月播种，4月至5月采收。品质中等，供熟食或腌制。亩产2 000～3 000kg。

综合评价：作为春小白菜，耐寒性强。

2.1.6 抗热白

品种品种：抗热白。

栽培历史：乐清市虹桥小乌石农家品种，栽培历史悠久。

产地分布：主要集中在乐清市虹桥镇一些村落栽培。

植物学特征：植株较直立，株高45cm，开展度40cm，叶片数为9，叶片卵圆形，最大叶长15cm，叶宽14 cm，叶色浅绿，叶面平滑；叶柄白色，叶柄长18cm，宽2.5 cm，厚0.2cm，单株重204g。

农业生物学特性：温州地区4月至9月均可播种，从播种到采收50～60天，亩产2 200kg，风味较淡，纤维较少，品质中等，耐热性较强，抗病性中等。

综合评价：耐热性较强，纤维较少，产量较低。

2.1.7 矮黄白

品种名称：矮黄白、小白菜。

栽培历史：农家品种，栽培历史悠久。

产地分布：温州市郊各蔬菜基地有种植。

植物学特征：植株直立，株高39cm，开展度40cm，叶片数为9～10片。叶椭圆形，黄绿色，叶面平滑，无毛，全缘，叶片长40cm，叶宽15.3cm；叶柄白色，形扁平，叶柄长23cm，宽2.4cm，厚0.4cm。单株重0.11kg。

农业生物学特性：早熟，夏秋季撒播栽培。4月中旬至9月下旬播种，从播种到采收35～40天。耐热，品质中等，供炒食。亩产2 000～3 000kg。

品种特点：在夏季小白菜中株型稍大，单株叶片多、重。

2.1.8 反交白

品种名称：反交白、小白菜。

栽培历史：温州市栽培历史悠久。温州市蔬菜种子公司于1986年从瓯海五社村采集资源进行提纯复壮，并向内外推广。

产地分布：温州市郊各蔬菜基地均有种植。

植物学特征：植株直立，株高34cm，开展度28cm，叶片数为7～10片。叶椭圆形，黄绿色，叶面平滑，无毛，全缘，叶长31cm，叶宽14cm；叶柄白色，形扁平，叶柄长18cm，宽2.5cm，厚0.5cm。单株重0.065kg。

农业生物学特性：早熟，夏秋季撒播栽培。4月中旬至9月下旬均可播种，定苗时株距6～7cm。从播种到采收30～40天。耐热，品质优，供炒食。亩产2 000kg。

综合评价：在夏季小白菜中株型小，生长时间短。

2.1.9 香菇菜

品种名称：香菇菜、中基605、上海青。

栽培历史：温州市蔬菜种子公司于1992年从上海引进进行提纯复壮，并在温州市和浙江省内外推广。

产地分布：温州市郊及各县（市、区）蔬菜基地均有种植。

植物学特征：植株直立紧凑，束腰。直播栽培株高25cm，开展度25cm，叶片椭圆形，浅绿色，舒展，平滑。叶长23cm，叶宽10cm，叶全缘。叶片数为7～10片；叶柄基部扁阔肥厚，顶部狭窄；叶柄长11cm，宽2.6cm，厚0.6cm。绿白色。单株重0.05kg。

农业生物学特性：7～10月播种，育苗移栽，苗龄25～30天。株行距24cm×16cm。10～12月上市，可采收到翌年2月。抗病性好。商品性佳，品质优。亩产3 000～4 000kg。

综合评价：产量高，商品性较好，播种期长。

2.1.10 小叶青（上海青）

品种名称：小叶青、上海青、香菇菜。

栽培历史：温州市蔬菜种子公司于1990年从上海市农业科学院引进进行提纯复壮，并在温州市和浙江省内外推广。

产地分布：温州市各县（市、区）蔬菜基地均有种植。

植物学特征：植株矮座，直立紧凑，株高中等束腰。直播栽培株高21cm，开展度18cm， 叶片椭圆形，叶长19cm，叶宽9.5cm，浅绿色，叶全缘。叶片数为7～10片；叶柄基部扁阔肥厚，顶部狭窄；叶柄长9cm，宽2.3cm，厚0.5cm，绿白色。单株重0.05kg。

农业生物学特性：适于晚春、夏秋及越冬栽培。4～7月可直播条播栽培，8～10月播种，育苗移栽，苗龄25～30天。株行距20cm × 20cm。10～12月上市，可采收到翌年2月。抗病性好。商品性佳， 品质优。亩产3 000kg。

综合评价：株型小，叶柄宽，适合密植。

2.2 大白菜

学名：*Brassica campestris* ssp. *pekinensis*（Lour.）Coss. 十字花科

温州市自20世纪50年代初从福建引入笋形菜开始大白菜栽培；此后由山东、天津等北方地区引进的品种逐渐增多，经驯化或杂交选育，现适于温州市栽培的有如下几个品种。

2.2.1 丰收大白菜

品种名称：丰收大白菜。

栽培历史：该品种是本市城郊乡丰收村社员何方姩于60年代初用矮脚筒与城阳青自然杂交，经多代选育而成。主要特点是苗期较抗热，播种期长，外叶、心叶一起长，结球结实，球形大小适中，色纯白，品质佳，深受市民欢迎。有白叶和黑叶两个类型。

产地分布：温州市各蔬菜基地均有种植，丽水、金华、宁波曾从温州市引种。

植物学特征：淡绿型：株高35～40cm。开展度60～65cm。叶片倒卵形，最大外叶长38cm，叶宽28cm，淡绿色；叶柄及中肋长30cm，宽8cm，厚0.9cm，纯白色；叶缘波状，先端浅缺刻，基部缺刻较深；叶片正面光滑有刺毛，背面叶脉具白色短刺毛，群体中也有无毛的植株；叶面上部组织略皱，基部具一、二纵褶。

叶球倒卵形，上部粗大，球顶平圆，球形指数1.14。叠抱、包心，结球紧实，色泽洁白。单球重3.4kg，净菜率72%。缩短茎椭圆形，侧芽未萌发。主根粗2.8cm。

深绿型：株高44～47cm。开展度65～78cm。叶片短椭圆形，最大外叶长44cm，叶宽30cm，深绿色；叶柄及中肋长

31.5cm，宽11cm，纯白色；叶缘波状，基部具缺刻；叶片正面具少量白色刺毛，并有明显的毛孔，背面叶脉具白色刺毛；叶面组织皱缩，并有纵褶。

叶球短圆筒形，上部稍大，球形微圆，球形指数1.5。叠抱、包心，结球紧实，外淡黄绿色，内纯白色。单球重4.95kg，净菜率74%。短缩茎椭圆形，侧芽未萌发。主根粗3cm。

农业生物学特性：淡绿型、深绿型生物学特性相似。播种期8月上旬至9月下旬，播后2～3天出苗，苗期20天。9月中下旬定苗，9月下旬至11月上旬结球，11月上旬采收，播种至采收90～120天，晚熟。大株留种11月上旬定植，2月上旬至中旬开花，4月下旬至5月上旬种子成熟。小株留种10月上旬至中旬播种，10月中下旬移栽。2月中旬开花，4月下旬至5月上旬种子成熟。大株单株种子量约25g，千粒重2.35g。在温州市栽培较抗高温，不耐寒，易发生霜霉病、炭疽病、软腐病。组织细软，纤维少。味稍甜，品质优良，供熟食。亩栽1 800株，亩产4 000～5 000kg。

综合评价：抗性强、产量高、品质优良。

2.2.2 大高庄

品种名称：大高庄。

栽培历史：引入温州市栽培已30多年。

产地分布：温州市郊区各蔬菜基地均有种植。

植物学特征：株高47cm。开展度47cm。外叶深绿色，叶面微皱，无纵褶。叶球长筒形，竖心卷合，舒心。单球重2.6kg。

农业生物学特性：晚熟。从播种到采收90～100天。10月中旬播种，11月中旬定苗，翌年1月中下旬采收。抗病力强，耐寒，较耐旱。组织纤维多，粗糙，味淡，品质较差，供熟食。亩产5 000kg以上。

综合评价：叶球长筒形，耐寒。

2.2.3 早黄白

品种名称：早黄白。

栽培历史：自杭州引入，栽培已多年。

产地分布：温州市郊各蔬菜基地均有种植。

植物学特征：植株高43cm。开展度44cm。外叶黄绿色，叶面微缩，无纵褶。叶球长筒形，合抱、舒心。单球重0.85kg。

农业生物学特性：早熟。从播种到采收60～70天。7月下旬播种，8月中下旬定苗，10月上旬至中旬采收。性耐热，适早栽，较抗病，品质中等，供熟食。亩产2 000～2 500kg。

综合评价：耐热、早熟、适合夏秋高温季节栽培。

2.2.4 泰顺白菜

品种名称：白菜、泰顺白菜。

栽培历史：栽培历史悠久。

产地分布：泰顺县等山区少量种植。

植物学特征：植株直立，栽植植株高58cm，开展度58cm。单株重约2kg。叶片数为23片，叶全缘；叶片卵圆形，叶长59cm，叶宽22cm，绿色，叶面平滑，叶脉明显；叶柄白色，基部肥厚；叶柄长59cm，宽6cm，厚0.8cm，不结球。

农业生物学特性：中熟，耐寒，抗病以秋播为主。9月至10月播种，1月至2月采收。品质中等，供熟食或腌制。亩产4 000～5 000kg。

综合评价：株型大，叶柄白色，基部肥厚，耐寒性强。

2.3 乌塌菜

学名：*Brassica campestris* ssp. *chinensis* var. *rosularis* 十字花科

乌塌菜在温州市栽培不很普遍，仅作小面积栽种。

2.3.1 乌塌菜

品种名称：乌塌菜（又名太古菜）。

栽培历史：农家品种，栽培历史悠久。

产地分布：温州市郊菜农自留地。

植物学特征：植株横展塌地生长。株高4.5cm，开展度20cm。叶圆形，叶缘向外翻卷，黑绿色，叶面皱缩；叶柄厚0.4cm，翠绿色。单株重约100g。

农业生物学特性：早熟。从播种到采收35天。9月上中旬播种，10月中下旬采收。性耐寒。组织细嫩，味浓，品质佳，供盘菜盖头或炒食。

综合评价：农家自繁的特色品种，组织细嫩，味浓，品质佳。

三、芥菜类

3.1　大叶芥菜

学名：*Brassica juncea* Coss. var. *rugosa* Bailey. 十字花科

3.1.1　温州早芥菜

品种名称：温州早芥、驮心芥、早芥、水蒲芥。

栽培历史：农家品种，栽培历史在130年以上。

产地分布：温州市郊各蔬菜基地均有种植。

植物学特征：植株高81cm，开展度65cm，叶簇较直立，株形紧凑。地上部分分蘖性较迟芥为强，抽薹时基本侧芽发育成侧株，开花结实。叶片11片。外叶长倒卵形，叶长70cm，叶宽27cm，叶缘浅齿状，基本深裂；叶面皱缩，无毛。黄绿色。具蜡粉；叶柄短，宽大肥厚，宽9cm，厚1.3cm，绿白色。单株重1～1.5kg。

农业生物学特性：9～10月上旬播种，播后2～3天出苗，苗期25～40天。11月上旬定植，翌年1月上旬采收。从播种到采收约90天。种株1月上旬定植，3月下旬至4月上旬开花，5月上旬至中旬种子成熟。单株种子量约30g，千粒重1.06g。该品种短缩基粗大，茎、叶细嫩，品质优良，风味极佳，供熟食。苗期较耐热，不耐霜冻，易遭蚜虫为害，病毒病较严重。亩栽3 000～6 000株，亩产2 000～3 000kg。

综合评价：早熟，生长期自播种到采收约90天。

3.1.2 中信早芥菜

品种名称：中信早芥菜、中芥、温州芥菜。

栽培历史：农家品种，栽培历史悠久。

产地分布：温州市郊各蔬菜基地均有种植。

植物学特征：植株高76cm，开展度56cm。地上部分分蘖性弱。茎部腋芽细小。叶片数12～13片。外叶长椭圆形，叶长68cm，叶宽29cm；叶缘浅齿状，基部深裂；叶面皱缩，黄绿色，具光泽、无毛，背面具蜡粉；叶柄粗短，宽4.5cm，厚

1.5cm，绿白色。单株重1.5kg。

农业生物学特性：10月中下旬播种，播后2～3天出苗，苗期25～35天。11月上旬定植，3月上中旬采收。从播种到采收130天。留种株3月上旬定植，4月上旬开花，5月上旬至中旬种子成熟。

单株种子量约30g，千粒重1.06g。该品种茎、叶质地嫩，味稍辛辣、微苦，风味佳，供熟食和腌制加工。苗期较耐热，不耐霜冻，易遭蚜虫为害，易发生病毒。亩栽3 000～5 000株，亩产3 000～4 000kg。

综合评价：生长期从播种到采收130天。

3.1.3 中信芥菜

品种名称：中信芥菜、温州芥菜、中芥。

栽培历史：农家品种，栽培历史悠久。

产地分布：瑞安市、乐清市、永嘉县、温州市郊各蔬菜基地均有种植。

植物学特征：植株高70～80cm，开展度65cm，中簇较直立。地上部分蘖性弱，茎基部腋芽细小。外叶长椭圆形，长72cm，宽34cm；叶缘浅齿状，基部深裂；叶面皱缩，深绿色，无毛，无蜡粉；叶柄短，宽5cm，厚1.5cm，绿白色。单株重1～2kg。

农业生物学特性：10月中旬至下旬播种，播后2～3天出苗，苗期30天。11月上旬定植、3月下旬采收。从播种到

采收150天。留种株2月上旬至中旬定植，4月中旬抽薹开花，5月中旬至下旬种子成熟。单株种子量30g，千粒重1.06g。

该品种茎、叶纤维较早芥多，味略苦，品质中等。供炒食和腌制加工之用，以腌制加工为主。性较耐寒，易遭蚜虫为害，易病。亩栽2 000～4 000株，亩产3 000～4 000kg。

综合评价：生长期从播种到采收150天，属中熟品种。

3.1.4 温州迟芥

品种名称：温州迟芥、迟芥、水蒲芥。

栽培历史：农家品种，栽培历史悠久。

产地分布：温州市郊各蔬菜基地瓯海区、瑞安市、乐清市等地广为种植。

植物学特征：植株株高70约80cm，开展度65cm，中簇较直立，株形紧凑。地上部分蘖性弱，茎基部腋芽细小，常不发育。外叶长椭圆形，长70cm，宽29cm；叶缘浅齿状，基部深裂；叶面皱缩，深绿色，无毛，具光泽；叶柄短，宽5cm，厚1.1cm，绿色。单株重2～3kg，大的可达5kg。

农业生物学特性：9月中下旬播种，播后2～3天出苗，苗期25天。10月中下旬定植，清明前后采收。如采其蕻供加工须待充分成熟（即将抽薹时采收）。从播种到采收190天。留种株3月中旬定植，4月下旬抽薹开花，5月下旬种子成熟。单株种子量约30g，千粒重1.06g。

该品种蕻茎粗大，叶柄及中肋肥厚，产量高，适于加工。茎、叶纤维较多，质地较硬，味略苦，品质中等。主要供加工成咸菜梗、咸菜蕻之用，性较耐寒，易遭蚜虫为害，易发生病毒病。亩栽2 000～3 000株，亩产4 000kg。

综合评价：生长期从播种到采收190天，属迟熟品种。

3.1.5 剥皮芥菜

品种名称：剥皮芥、水接白芥菜。

栽培历史：农家品种，栽培历史悠久。

产地分布：瓯海区、永嘉县等地山区或半山区均有种植。

植物学特征：植株株高55～65cm，开展度90～100cm，地上部分无分蘖，外叶长椭圆形，叶缘波状，叶面微皱，深绿，无蜡粉，无刺毛。最大叶长90cm，叶宽35cm，叶柄长55cm，宽6cm，厚3.5cm，无肉瘤，浅绿色，单株重约1.7kg。

农业生物学特性：10月中旬播种，苗期25～30天，11月上旬定植，从定植到采收160天，3月下旬采收。留种株4月中旬抽薹开花，5月下旬种子成熟。茎叶质地嫩，味微辛辣，风味佳，通常陆续剥外叶供炒食、腌制加工之用。性较耐寒，易遭蚜虫为害，易发生病毒病，亩栽1 600～1 800株，亩产3 000～4 000kg。

综合评价：多次采收，陆续剥外叶。

3.1.6 紫叶芥菜

品种名称：紫叶芥菜。

栽培历史：农家品种，栽培历史悠久。

产地分布：瓯海区、永嘉县等地山区或半山区均有种植。

植物学特征：植株株高50～55cm，开展度80～90cm，地上部分无分蘖，外叶长椭圆形，叶缘波状，叶面微皱，叶正面紫红色，背面绿色，少量蜡粉，无刺毛。最大叶长83cm，叶宽30cm，叶柄长47cm，宽4.5cm，厚2.8cm，无肉瘤，浅绿色，单株重约1.1kg。

农业生物学特性：10月中旬播种，苗期25～30天，11月上旬定植，生长期自定植到采收160天，3月下旬采收。留种株4月中旬抽薹开花，5月下旬种子成熟。单株种子量约25g，千粒重1.06g。茎叶质地嫩，味微辛辣，风味佳，通常供炒食、腌制加工之用。性较耐寒，易遭蚜虫为害，易发生病毒病，亩栽1 600～1 800株，亩产2 500～3 500kg。

综合评价：叶缘波状、无深裂，叶色独特。

3.2 花心芥菜

学名：*Brassica juncea* Coss. *multsecta* Bailey 十字花科

3.2.1 乌金芥

品种名称：乌筋芥菜。

栽培历史：农家品种，栽培历史悠久。

产地分布：瓯海区、永嘉县等地山区或半山区均有种植。

植物学特征：植株株高78cm，开展度50cm，叶簇较直立，株形紧凑，地上部分分蘖性弱。外叶长椭圆形，长69cm，宽27cm，叶缘波状，有侧裂片7～8对；叶面微皱，深绿色，粗叶脉绿白色，细叶脉紫色，近边缘紫色愈浓，无毛；叶柄圆柱，粗3cm，厚1cm，绿色。单株重1kg，大的可达3.5～4kg。

农业生物学特性：9月下旬播种，播后3～4

天出苗，苗期25～30天，10月下旬定植，4月上旬采收从播种到采收190天，采种株3月下旬定植。4月下旬开花，5月下旬种子成熟。该品种茎、叶纤维多、质地粗硬、品质较差，供茎叶鲜食或腌制成咸菜梗。性耐寒，抗病力强，易栽培，亩栽2 500～3 000株，亩产2 500～3 000kg。

综合评价：叶缘波状，有侧裂片7～8对，近边缘紫色愈浓。

3.2.2 细叶乌茎芥

品种名称：细叶乌茎芥。

栽培历史：农家品种，栽培历史悠久。

产地分布：乐清市、永嘉县等山区有零星种植。

植物学特征：植株株高87cm，开展度61cm，叶簇直立，株形紧凑。地上部分分蘖性弱。叶倒长卵圆形，最大叶长76cm，叶宽24 cm，叶缘深裂，基部深裂到中肋；叶面皱缩，叶色深绿，无刺毛，无蜡粉。粗叶脉绿白色，细叶脉紫色，愈近边缘紫色愈浓；叶柄长棒形，长7.5cm，宽2.8cm，厚2.1cm，绿色，无肉瘤。单株重3.2kg。

农业生物学特性：9月下旬播种，播后3～4天出苗，苗期30天。10月下旬定植，翌年4月上旬采收。留种株3月下旬定植，4月下旬开花，5月下旬种子成熟。单株种子产量约28g，千粒重1.05g。该品种茎、叶纤维较多，质地粗硬，主要供腌制成咸菜梗。植株耐寒，抗病力强，易栽培，亩产3 200kg。

综合评价：粗叶脉绿白色，细叶脉紫色，愈近边缘紫色愈浓，叶片缺刻多。

3.2.3 花叶芥菜

品种名称：花叶芥菜。

栽培历史：农家品种，栽培历史悠久。

产地分布：瓯海区、永嘉县、泰顺县、文成县等地山区或半山区均有种植。

植物学特征：植株株高75cm，开展度70～80cm，叶簇较直立，地上部分分蘖性中，外叶长椭圆形，叶缘深裂，有侧裂片7～8对，叶面微皱，深绿，粗叶脉绿色，细叶紫色，近边缘色愈浓，无蜡粉，无刺毛。最大叶长75cm，叶宽20cm，叶柄厚圆，叶柄长55cm，宽4.5cm，厚3cm，浅绿色，单株重约1.2kg。

农业生物学特性：9月下旬播种，苗期25～30天，10月下旬定植，从定植到采收190天，3月下旬采收。留种株4月中下旬抽薹开花，5月下旬种子成熟。茎叶纤维多，质地粗硬，品质较差，供炒食、腌制咸菜梗等加工之用。性耐寒，抗病力强，易于栽培，亩栽2 500株，亩产2 500～3 000kg。

综合评价：叶面微皱、深绿、粗叶脉绿色。

3.3 雪里蕻

学名：*Brassica juncea*（L.）Coss. var. *multiceps* Tsen et Lee 十字花科

3.3.1 黄种儿雪里蕻

品种名称：黄种儿、本地雪里蕻。

栽培历史：农家品种，栽培历史悠久。

产地分布：温州市郊各蔬菜基地，及龙湾永强、瑞安阁巷、永嘉鹤盛一带均有种植。

植物学特征：植株株高38cm，开展度62cm，叶簇横展塌地生长。地上部分分蘖性强，全株共有大小分枝20个左右。外叶倒披针形，长43cm，宽15cm，叶缘浅裂具细齿；叶面浅绿色有茸毛。叶柄细圆，绿白色。单株重0.8kg，大的可达2kg。

农业生物学特性：8月上旬至9月中旬播种，播后2～3天出苗，苗期25天。9月上旬至10月中旬定植，1月下旬至3月中旬采收。从播种到采获180天。种株3月上旬至中旬定植，4月中旬开花，5月中旬种子成熟。单株种子量约25g，千粒重1.0g。该品种茎、叶纤维较少，质地较细、嫩，味浓，因叶色较淡，腌制成的咸菜色泽好，品质佳。性较耐寒，易发生病毒病。亩栽3 000株，亩产2 000～2 500kg。

综合评价：叶缘浅裂具细齿，叶色较淡、品质佳。

3.3.2 九头芥

品种名称：九头芥、衰菜。

栽培历史：农家品种，栽培历史悠久。

产地分布：温州市各蔬菜基地，及瓯海区、瑞安市、永嘉县、平阳县等地均有种植。

植物学特征：植株株高55cm，开展度52cm，叶簇半直立。地上部分分蘖性强，全株有大小分枝20个左右。外叶倒披针形，长52cm，宽17cm，叶缘深裂具粗齿，基部深裂至中肋；叶面平滑，无茸毛，黄绿色，叶柄细圆，绿白色，微披蜡粉。单株重0.65kg，大的可达3kg。

农业生物学特性：9月下旬播种，播后3～4天出苗，苗期25天。10月下旬至11月上旬定植，3月中下旬采收。从播种到采收180天。采种株3月上旬定植，4月下旬开花，5月下旬种子成熟。单株种子量约3.25g，千粒重1.0g。该品种茎、叶纤维较多，味淡，品质不及雪里蕻，主要供腌制成腌菜供应市场。性耐寒，抗病力强，易栽培。亩栽3 000株，亩产2 500～3 500kg。

综合评价：叶缘深裂具粗齿，基部深裂至中肋。

3.4 茎用芥菜

学名：*Brassica juncea*（L.）Coss. var. *tsatsai* Mao 十字花科

3.4.1 温州迟榨菜

品种名称：温州迟榨、虹桥迟榨、迟榨菜。

栽培历史：农家品种，栽培历史悠久。温州蔬菜种子站于1985年从乐清虹桥南阳村采集资源，进行提纯复壮，并向外推广。

产地分布：温州市郊、瑞安市、乐清市、永嘉县等地各蔬菜基地均有种植。

植物学特征：植株低矮，但开展度大，地上部分分蘖性弱。外叶椭圆形，叶缘深裂。叶色绿色，有光泽，微披蜡粉。肉质茎椭圆形，外皮绿色，肉瘤钝圆形或羊角形，单株肉质茎0.7kg。该品种肉质茎纤维少，质地细嫩品质佳，主要供腌制加工。抗寒力强。

农业生物学特性：9月下旬播种，栽植于水稻田或与绿肥间作。苗期30～40天，亩植（套种）1 500株，注意防治病毒病及蚜虫为害，采收期为3～4月。亩产1 000～1 500kg。

综合评价：迟熟、生长期长。

3.4.2 阁巷早榨菜

品种名称：阁巷榨菜、大叶冬榨、圆叶冬菜。

栽培历史：农家品种，自福建霞蒲引入，栽培历史悠久。

产地分布：瓯海区、龙湾区、瑞安市、乐清市、永嘉县等地均有种植。

植物学特征：植株低矮，但开展度大，地上部分分蘖性弱。株高57cm，开展度50cm。外叶椭圆形，叶缘波状；叶面微皱，无毛，黄绿色，有光泽。叶柄短，淡绿色，微披蜡粉。肉质茎椭圆形或圆形，外皮黄绿色，肉瘤钝圆形，10～15个。单株肉质茎0.6kg。该品种肉质茎纤维少，质地细嫩，有辛辣味，品质优良，供腌制加工成榨菜。抗寒力较弱。

农业生物学特性：9月上旬播种，播后6～7天出苗，苗期30天，10月中旬定植，2月上旬始收，3月上旬末收。全生长期150天。采种株2月上旬定植，5月中旬开花，6月中旬种子成熟。单株种子量25～30g，千粒重1.06g。注意防治病毒病及蚜虫为害，亩产2 000～2 500kg。

综合评价：早熟、生长期短。

3.4.3 瑞安棒菜

品种名称：温州棒菜、瑞安棒菜、棒菜。

栽培历史：农家品种，从温岭引进，栽培历史较长。

产地分布：瓯海区、瑞安市、乐清市、永嘉县等地均有种植。

植物学特征：植株直立，地上部分分蘖性弱。株高90cm，开展度55cm×45cm。外叶长椭圆形，叶缘浅齿状，基部深裂；叶面皱缩，深绿色，无毛，无蜡粉；叶柄短，绿白色。肉质茎笋子形，棍棒状，纵径32cm，横径6cm，外皮绿色，无瘤状突起。单株肉质茎重0.6kg。该品种肉质茎纤维少，质地细嫩品质佳，供鲜食或腌制加工。耐寒，耐肥，抗病虫害，采收期长。

农业生物学特性：该品种中熟，从播种到采收120天。8月上旬至10月上旬播种，9月上旬至11月中旬定植，株行距50cm×40cm，注意防治病毒病及蚜虫为害，采收期12月上旬至翌年3月下旬，亩产2 500kg左右。

综合评价：肉质茎笋子形、棍棒状。

3.4.4 细叶香炉

品种名称：细叶香炉。

栽培历史：自外地引入栽培已数十年。

产地分布：瓯海区新桥、龙湾区永强一带有种植。

植物学特征：株形矮而开张。植株株高50cm，开展度60cm，地上部分分蘖性弱。外叶椭圆形，叶长50cm，叶宽20cm；叶缘深裂，基部裂片细碎；叶面平滑，无毛，深绿色，有光泽；叶柄短而厚，绿色，微被蜡粉；肉质茎圆形，长14cm，横径14cm，外皮绿色，肉瘤圆形或羊角形。单株肉质茎重0.65kg。

农业生物学特性：9月下旬播种，播后6～7天出苗，苗期40天。11月上旬定植，3月上旬始收，4月上旬末收。从播种到采收160天。采种株3月上旬定植，5月中下旬开花，6月中下旬种子成熟。单株种子量约30g，千粒重1.06g。该品种肉质茎纤维少，质地细嫩品质佳，主要供腌制加工。抗寒力较强，易染毒素病，苗期有蚜虫为害。亩栽（套种）1 500株，亩产1 000～1 250kg。

综合评价：叶缘深裂、基部裂片细碎。

四、甘蓝类

4.1 结球甘蓝

学名：*Brassica oleracea* L.var. *capitata* 十字花科

4.1.1 丰收大平头（驮蒙球）

品种名称：丰收大平兴（马大蒙球）。

栽培历史：30年代初期自日本引进。

产地分布：温州市郊各蔬菜基地均有种植。

植物学特征：植株高38～47cm。开展度45～90cm，叶较平展生长。近圆形，最大外叶45cm，宽46cm，叶片深绿色，平滑，蜡粉中等，少光泽，叶缘波状；叶柄及中肋绿白色。叶球扁圆形，群体中亦偶有圆头形，顶部平或圆，扁圆形的高16cm，横径32cm，单球重2.9kg，大的可达8kg，结球紧实，色泽黄绿，腋芽少，球内中心柱高10cm，横径4cm。球、叶比1.5左右，裂球期在采收后期，裂球率约5%。抱、舒心。单球重0.85kg。

农业生物学特性：宜作秋季栽培：7月上旬播种，播后2～3天出苗，苗期25～30天。8月上旬假植，8月下旬定植， 11月中旬结球，11月下旬采收，1月上旬末收。从定植到采收90天。留种植株（小株），12月上旬至下旬定植，3月下旬至4月上旬开花，5月中下旬种子成熟，单株种子量约20g，千粒重2.9g，性

抗病力强，苗期抗热、耐寒。秋、春季有菜青虫为害。组织较粗，味微甜，品质中等，供鲜食。苗栽1 500～1 600株，亩产4 000～5 000kg。

综合评价：叶球大、产量高。

4.1.2 黑叶小平头

品种名称：黑叶小平头。

栽培历史：自上海引进，栽培已久。

产地分布：温州市郊各蔬菜基地均有种植。

植物学特征：植株株高30cm。开展度45cm。外叶数为9～13片，深绿色，被蜡粉，近圆形，叶脉粗。叶球高15cm，横径25cm，扁球形，结球紧实，形小。单球重1.25kg。

农业生物学特性：早熟，从定植到采收110天。7月上旬播种，7月下旬定植，11月中旬至下旬收获，抗寒力强，品质中等。亩产1 750～2 000kg。

综合评价：早熟、叶球小。

4.2 花椰菜

学名：*Brassica oleacea* L.var. *botrytis* 十字花科

花椰菜温州市俗称花菜。所用种子除个别生产队自留少量种子自用外，每年由福建、广东两省引入。因品质好，为市民所欢迎，为温州市主要蔬菜之一。

温州市栽培的品种系球形种，按生长期分为早、中、晚三类。

4.2.1 温州60天花菜

品种名称：温州60天花菜。

栽培历史：1959年从福建引入，栽培至今。

产地分布：温州市郊区及市属各县均有种植。

植物学特征：植株株高45～55cm。开展度60～75cm。外片长卵圆形，灰绿色，蜡粉厚，花球洁白无绒毛，高8～15cm，横径12～20cm，平均重0.75kg，大的可达1kg以上。亩产量1 500kg左右。

农业生物学特性：该品种早熟，生长期短，发育进程快，对播种期的要求较严格，温州地区以6月25日至7月5日为最适。苗龄40～45天，行假植，培壮苗，于8月上旬定植，移植时多带泥，少伤根。苗栽2 500株。定植后勤施肥，保全苗，促生长。花球形成最适温度在21～23℃，花球出现即加大水肥攻大球。早的可在国庆节上市，一般上市期在10月中下旬。

综合评价：早熟、定植至采收60天左右。

4.2.2 温州80天花菜

品种名称：温州80天花菜。

栽培历史：1959年从福建引入，栽培至今。

产地分布：温州市郊区及市属各县均有种植。

植物学特征：植株株高65～75cm。开展度70～80cm。叶窄短小，呈长卵圆形，蜡粉中等，叶色灰绿。花球洁白紧实，无绒毛，高15～20cm，横径22～30cm，平均重1～1.25kg，最大的可达2.5kg以上。亩产量1 500kg左右，高产的可达2 500kg。

农业生物学特性：播种期7月上中旬，经假植，苗龄45天，8月中下旬定植，亩栽1 800～2 000株。花球形成最适温度在17～21℃。11月份上市。主要管理措施参考温州60天花菜。

综合评价：定植至采收80天左右。

4.2.3 温州100天花菜

品种名称：温州100天花菜。

栽培历史：1959年从福建引入，栽培至今。

产地分布：温州市郊区及市属各县均有种植。

植物学特征：植株株高70～80cm。开展度70～80cm，叶片窄短，长卵圆形，灰绿色，蜡粉厚。花球洁白、紧实，无毛花。花球形成前期遇到高温，有时花球会出现淡红色茸毛，以后温度下降，花球长大后自行消退变白。花球高18～25cm，横

径25～32cm，平均重1.5kg左右，大的可达2.5kg以上。亩产量2 000kg左右，高产的可达2 500kg以上。

农业生物学特性：播种期7月20日至8月20日，通过假植，苗龄45～50天，9月份定植大田，亩栽1 700株，花球形成最适温度在13～17℃，12月份可采收上市。栽培管理上，要重施基肥，深沟高畦，壮苗定植，保证全苗。前期控，后期促，大肥大水促大球。

综合评价：中熟、定植至采收100天左右。

4.2.4 温州120天花菜

品种名称：温州120天花菜。

栽培历史：1959年从福建引入，栽培至今。

产地分布：温州市郊及市属各县均有种植。

植物学特征：株形紧凑，较外地120天花菜小，植株株高75～85cm。开展度75～80cm，叶片窄短小，灰绿色，蜡粉厚。花球洁白无茸毛，高22～25cm，横径25～35cm，平均重1.75～2kg，最大可达3.5kg以上。亩产量2 000～2 500kg，最高

产达3 500kg左右。

农业生物学特性：播种期7月20日至8月20日，假植后，苗龄45～50天，9月份定植大田，亩栽1 600～1 700株，花球形成最适温度8～11℃，定植后120天左右上市供应，主要供应期在元旦至春节。

综合评价：迟熟，定植至采收120天左右。

五、绿叶菜类

5.1 茎用莴苣

学名：*Lactuca sativa* L. var. *angustana* Irish. 菊科

5.1.1 红叶莴苣

品种名称：红叶莴苣。

栽培历史：外地引入栽培，在乐清栽培数十年。

产地分布：浙江乐清市各地均有零星栽培。

植物学特征：植株株高48cm，开展度30cm，叶披针形，最大长为48cm，叶宽30 cm，叶先端尖，叶缘浅齿状，叶紫红色，叶面稍皱，无软刺毛，无蜡粉。肉质茎圆锥形，茎长24cm，横茎3.0 cm，

茎节间长2.1 cm，茎皮绿紫色，厚0.2cm，不易开裂，茎肉质绿白色，单茎重380g。

农业生物学特性：乐清市一般1月中旬播种，2月下旬定植，4月下旬收获。性耐寒，叶易焦边。肉质脆，纤维少，水分多，味淡，品质中等，供凉拌生食、炒食或加工。亩产2 300kg。

综合评价：茎、叶紫红色。

5.1.2 尖叶莴苣

品种名称：尖叶莴苣。

栽培历史：农家品种，栽培历史悠久。

产地分布：乐清市各地均有零星栽培。

植物学特征：植株株高70cm，开展度37cm。叶披针形，最大叶长40cm，叶宽12 cm，叶先端钝尖，叶缘近全缘，叶绿色，叶面平滑，无软刺毛，无蜡粉。

肉质茎棍棒形，茎长38cm，横茎5.0 cm，茎节间长1.9 cm，茎皮白色，厚0.15cm，不易开裂，茎肉质浅绿色，单茎重470g。

农业生物学特性：1月下旬播种，2月下旬定植，4月下旬至5月上旬收获。性耐寒，喜肥。肉质爽脆，纤维较少，水分少，味浓，有香气，肉质佳。供凉拌生食、炒食或加工。亩产2 500kg。

综合评价：茎、叶绿色。

5.2 菠菜

学名：*Spinacea oleracea* L. 藜科

5.2.1 圆叶菠棱菜

品种名称：圆叶菠棱菜、菠凌菜。

栽培历史：20世纪70年代自河北辛阳一带引入，栽培历史悠久。

产地分布：温州市山区、半山区及温州市郊蔬菜基地均有种植。

植物学特征：植株株高23cm，开展度26cm，叶片戟形，先端钝圆，深绿色，叶面平滑，叶片数11～16片。最大叶片长21cm，宽8.5cm，叶肉厚。叶柄长10cm。种子圆形。单株重0.03kg。

农业生物学特性：从播种到幼株采收85天，秋播中秋后播种，11月开始分批采收。春播1月中旬播种，4月上中旬分次采收。4月下旬至5月上旬抽薹。耐寒，抗病，不耐热。叶片肥厚、细嫩，品质佳，供熟食。亩产1 500kg。

综合评价：叶片戟形，先端钝圆。

5.3 苋菜

学名：*Amaranthus tricolor* 苋科

5.3.1 红苋菜

品种名称：苋菜、红苋菜。

栽培历史：农家品种，栽培历史悠久。

产地分布：温州市近郊各蔬菜基地瓯海区山区、半山区。

植物学特征：植株株高30cm，开展度31cm，矮生。分枝性强， 叶近圆形，长13cm，宽10cm，先端钝圆凹入，

基部楔形，全缘，叶色紫红间绿；叶柄红间绿色。单株重0.42kg。

农业生物学特性：从播种到幼株采收30～35天，到折取嫩梢45～50天。5月中旬播种，6月中下旬幼株采收分次完毕，7月上旬嫩梢始收。性抗热，耐旱，抗病性强，喜肥。叶肉肥厚，质地细嫩，品质佳。供做汤菜或炒食，亩产幼株1 000kg，嫩梢1 500kg。

综合评价：叶片紫红间绿。

5.3.2 白苋菜

品种名称：苋菜、白苋菜。

栽培历史：农家品种，栽培历史悠久。

产地分布：温州市近郊各蔬菜基地瓯海区山区、半山区。

植物学特征：植株株高38cm，开展度30cm，矮生。生长势强，易分枝，茎淡绿色；叶卵圆形，叶长14cm，叶宽9cm，先端钝尖，微凹入，基部楔形，叶色绿色，微皱；中肋及叶脉均

白色，叶柄淡绿色。单株重0.36kg。

农业生物学特性：从播种到幼株采收30～35天，到折取嫩梢45～50天。6月上旬播种，7月上旬幼株采收，分次完毕，7月中旬嫩梢始收。性抗热，耐旱，抗病性强，喜肥。叶肉稍薄，质地较红苋菜粗糙，品质较差。幼株做汤菜，嫩梢炒食，采收多次后供饲料用。亩产1 500kg左右。

综合评价：叶片绿色、微皱；中肋及叶脉均白色，叶柄淡绿色。

5.4 叶用甜菜

学名：*Beta valgaris* var. *ciclal* 藜科

5.4.1 矮脚白梗甜菜

品种名称：甜菜、矮脚白梗甜菜、本地甜菜。
栽培历史：农家品种，栽培历史悠久。
产地分布：温州市郊各蔬菜基地均有种植。

植物学特征：植株低矮，但开展度大，植株株高23cm，开展度53cm。茎短缩，白色。叶簇匍匐，叶卵圆形，叶长31cm，叶宽25cm，黄绿色，叶面皱缩，叶肉肥厚；叶柄长15.3cm，宽7cm，厚1.2cm，绿白色。全株有叶约15张。单株重1.3kg，大的可达2kg。

农业生物学特性：从播种到采收210天。9～10月播种，苗期30～35天，10月中旬至11月中旬定植，翌年4～5月收获。抗寒力强，不耐热，抗病虫害力强。质地柔嫩，味淡，有特殊气味，供熟食。亩产3 000kg。

综合评价：叶柄短、茎短缩。

5.4.2 牛皮菜（高脚白梗甜菜）

品种名称：牛皮菜（高脚白梗甜菜）。

栽培历史：农家品种，栽培历史悠久。60年代作为度荒品种广为栽培，现大都作为饲料栽培。

产地分布：瓯海区蔬菜基地、瑞安市湖岭镇一带有种植。

植物学特征：株形高大而开张。植株株高60cm，开展度105cm。茎较长，白色。叶簇匍匐，叶卵圆形，叶长65.6cm，叶

宽31.3cm，黄绿色，叶面皱缩，叶肉肥厚；叶柄长37.6cm，宽7.2cm，厚1.15cm，绿白色。全株有叶约15片。单株重1.84kg，大的可达3kg。

农业生物学特性：从播种到采收210天。9～10月播种，苗期30～35天，10月中旬至11月中旬定植，翌年4～5月收获。抗寒力强，不耐热，抗病虫害力强。质地柔嫩，味淡，有特殊气味，供熟食或作青饲料。亩产可达5 000kg。

综合评价：叶柄长、茎较长。

5.5 茼蒿

学名：*Chrysanthemum spatiosum* Bailey. 菊科

5.5.1 大叶茼蒿

品种名称：蒿菜、茼蒿、大叶茼蒿。

栽培历史：农家品种，栽培历史悠久。

产地分布：温州市山区、半山区及瓯海区蔬菜基地均有种植。

植物学特征：植株株高25cm，开展度26cm，植株直立，分蘖性强，株5～8个。叶片呈羽状深裂，全缘，深绿色，叶面光滑，叶长16cm，叶宽4～6cm，无柄叶，抱茎生。单株重0.07kg。

农业生物学特性：从播种到幼株采收80天，秋播8～9月播种，9～10月开始分次采收。春播2月中旬至4月上旬播种，播后30天即可开始分次采收。耐寒性、抗病性强，不耐热。采食嫩苗、嫩顶，香味浓。亩产1 500～2 000kg。

综合评价：叶片呈羽状深裂、全缘。

5.5.2 碎叶茼蒿

品种名称：茼蒿、碎叶茼蒿菊花菜、豆腐菜。

栽培历史：农家品种，栽培历史悠久。

产地分布：泰顺县山区有种植。

植物学特征：根浅生，须根多。营养生长期茎高20～30cm，春季抽薹开花，茎高60～90cm，根出叶无叶柄、互生、二回羽状

深裂。头状花序，花黄色。瘦果，褐色。茼蒿依叶的大小分大叶茼蒿和小叶茼蒿，泰顺山区为小叶茼蒿，叶狭小，缺刻多而深，叶薄，香味浓，嫩枝细，较耐寒。

农业生物学特性：喜冷凉，不耐高温。生长适温20℃左右。春秋两季都可播种，秋播生长期长，产量高。以嫩茎叶为食，具特殊气味，营养丰富。有清血、养心、降压、润肺、清痰的功效。

综合评价：根出叶无叶柄、互生，二回羽状深裂。

5.6 芫荽

学名：*Coriandrum sativum* L.伞形科

5.6.1 香菜

品种名称：芫荽、香菜。
栽培历史：农家品种，栽培历史悠久。
产地分布：泰顺县山区有种植。

植物学特征：伞形花科芫荽属，一年生草本植物。子叶披针形。根出叶丛生，长5～40cm，1～2回羽状全裂，羽片数1～11，卵圆形，有缺刻或深裂，花茎上的茎生叶3至多回羽状裂，裂片狭线形，全缘。伞形花序，每一小伞形花序可孕花3～9朵，花白色，花瓣及花蕊各5，子房下位。双悬果球形，果面有棱，内有种子两枚。

农业生物学特性：喜冷凉，长日照作物。生长季节内均可栽培，成株可露地越冬。早春播种，当年可收种子。以叶及嫩茎供食，或作调味品，有祛风、透疹、健胃及祛痰的功效。

综合评价：农家品种，长期栽培适应本地气候。

六、茄果类

6.1 茄子

学名：*Solanum melongena L.* 茄科

6.1.1 藤桥白茄

品种名称：藤桥白茄、白茄。
栽培历史：农家品种，栽培历史悠久。
产地分布：温州市郊山区、半山区有种植。

植物学特征：植株高79cm，开展度78cm。茎绿色，主茎上第一朵花着生在第七至八节第一分枝杈里；叶绿色。果实短圆筒形，纯白色，长22cm，横径4cm。果肉白色；单果重100～200g。

农业生物学特性：从定植到始收45～50天。适宜山区、半山区种植。一般4月上旬播种，5月上旬定植，6月中旬始收，9月上旬末收。生长势强，抗病耐热。皮较厚，肉质松易老化，品质较差。亩产约2 000kg。

综合评价：果实短圆筒形，纯白色、罕见地方特色品种。

6.1.2 瑞安本地茄

品种名称：本地茄子。

栽培历史：农家品种，栽培历史悠久。

产地分布：瑞安市各乡镇有种植。

植物学特征：中熟，植株生长势强，抗逆性强，直立，株高70～90cm，开展度80cm左右。茎绿色，叶色深绿，花紫白色，门茄着生于第九节，果实圆柱形，一般长20～30cm、横径5～6cm。皮绿白色，单果重150～200g，果皮薄，果肉白色，微绿，肉质细嫩，种子小，口感清香，商品性好，极耐热，采收期长。

农业生物学特性：适合早春露地、秋延迟种植，早春露地栽培，一般1月中旬至2月中旬小拱棚育苗，清明后定植：6月下旬始收，10月底采收结束。

综合评价：地方特色品种。

6.2 辣椒

学名：*Capsicum annuum* L. 茄科

6.2.1 长辣椒

品种名称：辣椒、番椒。

栽培历史：农家品种，栽培历史悠久。

产地分布：泰顺县山区有种植。

植物学特征：一年生草本植物。主根不发达，根群分布在30cm的耕层内，根系再生能力较弱。茎直立，黄绿色，双杈状分枝，分枝性强，有限生长型。主茎长到7～9片叶时，顶芽分化成花芽，形成第一朵花。其下侧芽抽出分枝，侧枝顶芽分化成花芽，形成第二朵花。以后每一分杈处着生一朵花。雄蕊5～6枚，雌蕊1。单叶互生，卵圆形，先端尖，叶面光滑。浆果，羊角形，黄绿色，果身弯曲，表面光滑。果实下垂。种子肾形，淡黄色。

农业生物学特性：冬春播种，终霜后定植，初冬收获完毕。可用于春季早熟栽培。育大苗移栽。亩产1 700～2 200kg。以嫩果供食，几乎没有辣味。

综合评价：果身弯曲、呈螺蛳状。

七、瓜　类

7.1　黄瓜

学名：*Cucumis sativus* L. 葫芦科

7.1.1　温州黄瓜

品种名称：温州黄瓜。
栽培历史：农家品种，栽培历史悠久。
产地分布：永嘉县等地山区或半山区均有种植。

植物学特征：植株蔓生攀缘，分枝性弱，主茎长约200cm，茎粗0.5cm，节间长10cm，茎表面刺毛浓密，横断面呈五棱形；叶长19.5cm，宽23.8cm，心脏状五角形，全缘具细齿，深绿色，叶柄长11cm，粗0.6cm。雌雄同株异花，花冠横径约6cm，第一雌花着生在主蔓6～8节，主蔓雌花间隔1～3节；第一雄花着生在主蔓1～3节，雌花率32%。果实嫩果圆筒形，近蒂部略缩小，长22cm，横径4.2cm ，单果重200g左右，大的果重450g。外皮绿白色具绿色斑点，点小连片成条纹。果表面微有棱沟，瓜顶钝圆，刺疏，黑色，刺瘤不明显。果柄长2cm，横断面近圆形，绿色，基部不膨大；果脐小、平。皮厚0.1cm，果肉厚1cm，绿白色，瓜瓤厚2cm，淡绿色。单瓜有种子300～500粒，千粒重32g，种子长0.4cm，宽0.35cm，厚0.11cm，纺锤形，黄白色，种脐正，在瓜内不易发芽。

农业生物学特性：从定植到嫩瓜采收40天，到种瓜成熟60天。早熟品种，2月上旬播种，4月上旬定植，4月下旬始花，5月上旬始采收。种瓜采收须后熟1周取子。易发生霜霉病，枯萎病，不耐寒热。肉质嫩脆，水分多，风味清淡，微甜，品质优良，供生食、汤菜、凉拌。单株产量约1kg。亩产2000～2500kg。

综合评价：果实无刺、外皮绿白色具绿色斑点，点小连片成条纹。

7.1.2 白黄瓜

品种名称：白黄瓜。

栽培历史：农家品种，栽培历史悠久。

产地分布：温州市山区、半山区均有种植。

植物学特征：植株蔓生攀缘，分枝性弱，茎表面刺毛浓密，横断面呈五棱形，叶长21.5cm，宽24cm，心脏状五角形，全缘具细齿，深绿色；叶柄长12cm，粗0.6cm。雌雄同株异花，果实嫩果圆筒形，近蒂部略缩小，长14～28cm，横径4～5cm。

单果重0.3kg左右，大的果重0.6kg。外皮白色具淡绿色斑纹。果表面光滑，瓜顶钝圆。果柄长1～2.5cm，横断面呈五棱近圆形，绿色，基部不膨大；果脐小，平或微突。果实横切面呈圆形。生理成熟期，果圆筒形，长与嫩果期无显著差异，横径增粗，外皮淡橙黄色。

农业生物学特性：以秋种为主，从定植到嫩瓜始收50天，到种瓜成熟70天。4～5月播种，6月下旬始花，7月上旬始收。易发生霜霉病、枯萎病，不耐寒热。肉质嫩脆，水分多，味清淡，微甜，品质一般，供生食或做汤菜。亩产约2 500kg。

综合评价：外皮白色具淡绿色斑纹。

7.2 冬瓜

学名：*Beninceasa hispida* Cogn. 葫芦科

7.2.1 九山菜园瓜

品种名称：早种九山菜园瓜、九山菜园瓜。

栽培历史：农家品种，栽培历史悠久。

产地分布：温州市郊各蔬菜基地均有种植。

植物学特征：植株蔓生攀缘，分枝性强，主侧蔓均能结果。主蔓长440cm，30余节，每节具卷须，茎须长0.9cm，第二至三节开始分枝，间隔4～5节再有分枝，分枝有三级，以主蔓为主，节间长15cm，表面密披白色刚毛，横断面近圆五棱形。最大叶长23cm，叶宽24cm，心脏状五角形，叶缘浅裂具细齿，绿色。叶柄长16cm，粗0.7cm。雌雄同株异花，雌花横径10～11cm，雄花横径8～9cm。第一雄花着生在主蔓第四至八节；第一雌花着生在主蔓8～10节。果实短圆筒形，长24cm，横径14cm，果形指数1.71。单果重2～3kg，大的可达5kg以上。嫩果外皮淡绿色，密被白色纤毛；老熟后果黄绿色表面白色纤毛逐渐脱落，微有棱沟。果柄粗短，绿色，长4～6cm，粗0.7cm，横断面近圆形，带稍陷，果脐圆平，果横切面圆形，果皮厚0.2cm，果肉厚2.8cm，白色，肉质酥软，含水量多，味清淡，微有香气，品质优良。瓜瓤厚4.1cm，白色。单瓜种子数1 300粒，千粒重30g。种子纺锤形，长0.9cm，宽0.5cm，厚0.12cm，黄白色，种脐正，在瓜内不易发芽。

农业生物学特性：从定植到始收60天。3月上旬播种，播后6～8天出苗，苗期25天，4月上旬定植，5月中旬雌花始花，6月上旬嫩瓜始收。性喜温暖，忌高温，苗期不耐寒，耐肥，忌涝，抗病力较强，多雨时期易烂根、烂果。亩栽500穴1 000株。单株常结1～2果，亩产3 000～4 000kg。

综合评价：生长期从定植到始收60天，果皮白粉少。

7.2.2 迟种九山菜园瓜

品种名称：迟种九山菜园瓜。

栽培历史：农家品种，栽培历史悠久。

产地分布：温州市郊各蔬菜基地均有种植。

植物学特征：植株蔓生攀缘，分枝性较早生强。第三至四节开始分枝，分枝三级，以二级蔓为主。主蔓长640cm，粗0.9cm，节间长11.4cm，表面密被粗长的白色刚毛，横断面呈近圆五棱形。最大叶长25cm，宽36cm，心脏状五角形，叶缘浅裂具细齿，深绿色。叶柄长15cm。雌雄同株异花，雌花横径11～12cm，雄花横径10～11cm。第一雄花着生在主蔓第七至十节；第一雌花着生在主蔓9～12节。果实短圆筒形，长40cm，横径18cm，果形指数2.22。群体中亦有果形略呈三角或略扁的。平均单果重4～5kg，大的可达15kg。嫩果外皮绿色，密被白色纤毛，毛着生处显深绿细斑点；老熟后果黄绿色，表面白色纤毛逐渐脱落，表面平滑，微有棱沟，瓜顶平圆而脐处略下凹。果柄粗短，深绿色，长5～7cm，粗0.8～1.0cm。果横切面圆形，也有略呈三角形或椭圆形的。果皮厚0.2cm，果肉厚3cm，白色，肉质酥软，含水量多，味清淡，微有香气，品质优良。瓜瓤厚5.8cm，白色。单瓜种子数1 400多粒，千粒重34g。种子纺锤形，长1.1cm，宽0.6cm，厚0.19cm，黄白色，种脐正，在瓜内不易发芽。

农业生物学特性：从定植到始收80天。清明前后播种，播后6～8天出苗，苗期25天，5月上旬定植，6月上旬雌花始花，7月上旬嫩瓜始收。性喜温暖，忌高温，苗期不耐寒，耐肥，忌涝，抗病虫力较强，多雨时期易烂根、烂果。亩栽500穴1 000株。单株常结1～2果，亩产4 000～5 000kg。

综合评价：生长期从定植到始收80天，果皮白粉少。

7.2.3　白肤冬瓜

品种名称：白肤冬瓜。

栽培历史：农家品种，栽培历史悠久。

产地分布：瑞安市白门、梓岙、丽岙一带有种植。

植物学特征：植株蔓生攀缘，分枝性弱，叶掌状五角形，叶缘浅裂具细齿，绿色。第一雌花着生在主蔓第3～4节，以6～16节所结之果形大，品质好。果圆筒形，浅绿色，表面光滑，微有棱沟，纤毛疏，白粉多，故称白肤冬瓜。单果重7.5～9kg，最大的可达25kg以上。

农业生物学特性：从定植到采收80天，4月上旬播种，4月下旬定植，8月下旬末收。性耐热，耐肥，忌涝不耐旱。肉质松，水分多，味淡微酸，供做汤菜。亩产3 000～5 000kg。

综合评价：果实中等，果皮浅绿色，白粉多。

7.2.4 泰顺冬瓜

品种名称：泰顺冬瓜。

栽培历史：农家品种，栽培历史久。

产地分布：泰顺、文成等县有种植。

植物学特征：一年生攀缘性草本植物。根系强大，深1米以上，分布直径2米以上，吸收能力很强。茎蔓生、五棱、中空、绿色、被茸毛。叶腋抽出侧蔓，叶掌状，叶脉网状，具叶柄，被茸毛，主茎6～7节后，每节抽生卷须，分枝。雌雄异花同株，单生，花萼5，近戟形，绿色，花瓣5，黄色、雄蕊3，子房下位，子房形状长椭圆形。嫩果被茸毛，成熟时逐渐减少。雌雄花均在早晨开始开花，下午凋谢。瓠果，果皮绿色，表面有白色蜡粉，圆柱形。果肉白色，厚4～6cm，大果型，单果重10～30kg，甚至可达50kg以上。种子近椭圆形，种脐一端尖、扁，淡黄色，种皮光滑。

农业生物学特性：中、晚熟，喜温耐热，多以爬地栽培，栽培管理粗放。一般3～4月播种，育苗移栽，7～10月采收。主蔓一般在15节发生第一雌花，以后每隔5～6节发生一个雌花。

综合评价：果实大，果重，果皮绿色，白粉多。

7.2.5 小冬瓜

品种名称：小冬瓜。

栽培历史：农家品种，栽培历史悠久。

产地分布：瑞安市马屿、陶山、湖岭等山区乡镇有种植。

植物学特征：一年生草本攀缘性植物。特早熟小冬瓜以主蔓结瓜为主，喜光耐热，耐湿性强，单瓜重2～4kg，肉厚多汁，商品性好，叶深绿色，叶缘浅裂，瓜圆筒形，皮浅绿色，蜡粉厚，单株结瓜5～8个，单瓜重2～3kg，长20～25cm，肉厚，肉质致密含水多，品质优，其果大小适中，优质、高产，深受市场欢迎，是具有推广潜力的冬瓜地方品种。

农业生物学特性：特早熟品种，从定植到采收50～60天，3月上旬播种，4月上中旬定植，6月上旬始收，亩产约5 000kg。

综合评价：特早熟，小果形，主蔓结瓜为主，果皮白粉多。

7.3 瓠瓜

学名：*Lagenaria leucantha* Rusby. 葫芦科

7.3.1 九山圆蒲

品种名称：九山圆蒲、白皮圆蒲。

栽培历史：农家品种，栽培历史悠久。1986年，温州三角种业从城郊九山村采集资源后进行提纯保优，并向浙江省内外推广。

产地分布：温州市郊、各县蔬菜基地均有种植。

植物学特征： 植株蔓生攀缘，分枝性强，第3～5节开始分枝，分枝三级。主蔓长480cm，茎粗0.9cm，节间长13.8cm，表面密被白色柔毛，横断面呈近圆五棱形。最大叶长20cm，宽26cm，心脏状五角形，全缘，深绿色，肥厚柔软；叶柄长7cm，粗0.7cm，叶的正、背面及叶柄均密被白色柔毛。雌雄同株异花，花冠横径10cm，第一雌花着生长在第一侧蔓第一节；第一雄花着生长在主蔓第5～6节。嫩果圆球形，高13cm，横径14cm，果形指数1.08；外皮绿白色，表面平滑，密被白色柔毛；顶部平圆而脐处微凹入。果柄长13cm，粗0.8cm，横断面呈近圆五棱形，绿色，被白色柔毛，基部稍粗。果实横切面呈圆形，果皮厚0.3cm，果肉厚2.5cm，洁白，瓜瓤厚4.3cm，白色，三室。质地细脆，味微甜，品质优良。单果重2.7kg，最大果重可达4kg以上。单瓜种子100～150粒左右，千粒重70g，种子长1.6cm，宽0.6cm，厚0.30cm，近长方形，外皮淡土黄色，种缘具花纹，色稍深，脐正，在瓜内不易发芽。老熟瓜圆球形，外皮黄白色，表面光滑，坚硬。

农业生物学特性： 从定植到采收70～80天。3月下旬播种，4月中旬定植，5月上旬开花，6月上旬嫩瓜始收，7月下旬种瓜成熟。性耐涝，耐旱。多雨期易染根腐病。亩产3 000～4 000kg。

综合评价： 嫩果圆球形，外皮绿白色，果肉厚，白色。

7.3.2 长年蒲

品种名称： 长年蒲。又名透年蒲、秋蒲。

栽培历史： 农家品种，栽培历史悠久。

产地分布： 温州市山区农户在作房前房后、水边路旁等隙地零星栽培。

植物学特征： 植株蔓生攀缘，分枝性强，第8～10节开始分枝，子蔓、孙蔓结瓜。主蔓长800cm以上，茎粗

1.3～1.5cm、节间长17～20cm，表面密被白色柔毛，横断面呈近圆五棱形。最大叶长20cm，宽26cm，心脏状五角形，全缘，先端有二浅裂，深绿色；叶柄长20cm，粗1.2cm。雌雄同株异花，花冠横径6cm，第一雌花着生在主蔓第12～14节，侧枝的第2～3节。嫩果纺锤形，上部小顶部渐膨大，长35cm，横径上部3.5cm，顶部8cm，果形指数4.3，外皮绿白色，密被白色柔毛，表面平滑，顶部平圆，果脐正；果柄长10.5cm，浅绿色，柄基部稍膨大。果横切面圆形，果皮厚0.3cm，果肉厚2.0cm，色洁白，味淡。瓜瓤厚1.7cm，白色。单果重1.2kg，最大果重可达3kg。单瓜有种子80～100粒，千粒重120g，种子长1.8cm，宽0.8cm，厚0.3cm，近长方形，黄白色，种缘具花纹，色稍深，脐正，在瓜内不易发芽。老熟瓜纺锤形，外皮黄白色，表面光滑，坚硬。

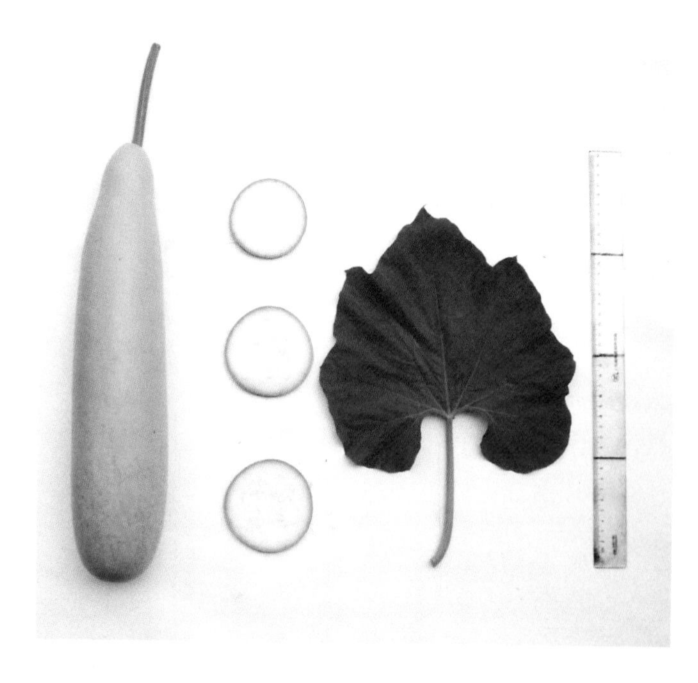

农业生物学特性：从定植到嫩果始收90天。4月上旬播种，播后6～8天出苗，5月上旬定植，6月中至下旬始花，7月中下旬嫩果始收，采收期长。单株产量估计20～50kg。生长势强，少病虫，耐旱不耐涝。

综合评价：嫩果纺锤形，上部小顶部渐膨大，外皮绿白色。生长期从定植到嫩果始收90天。

7.3.3 青皮圆蒲

品种名称：青皮圆蒲。

栽培历史：农家品种，栽培历史悠久。

产地分布：瓯海区、乐清市、永嘉县等地山区或半山区均有种植

植物学特征：植株蔓生攀缘，分枝性强，第3～5节开始分枝，分枝三级。主蔓长470cm，茎粗0.9cm，节间长13.5cm，表面密被白色柔毛，横断面呈近圆形。最大叶长20cm，宽25.5cm，心脏状五角形，全缘，深绿色柔软；叶柄长6.8cm，粗0.7cm，叶的正、背面及叶柄均密被白色柔毛。雌雄同株异花，花冠横径10cm，第一雌花着生在第一侧蔓第一节；第一雄花着生在主蔓5～6节。果实嫩果圆球形，高12.5cm，横径12cm，外皮绿色，表面平滑，密被绿色柔毛；顶部平圆而脐处微凹入；果柄长12cm，粗0.8cm，横断面呈近圆五棱形，绿色，被柔毛，基部稍粗。果实纵切面呈圆形，果皮厚0.25cm，果肉厚2.3cm，色洁白，瓜瓤厚4.1cm，白色，三室。味微甜，品质优良。单果重1.2kg，最大果重可达1.5kg以上。单瓜有种子100～200粒左右，千粒重65g，种子长1.5cm，宽0.4cm，厚0.3cm，近长方形，外皮淡土黄色，脐正，在瓜内不易发芽。老熟瓜圆球形，外皮黄白色，表面光滑，坚硬。

农业生物学特性：从定植到嫩瓜采收70～80天，到种瓜成熟105天。3月下旬播种，4月中旬定植，5月上旬始花，6月上旬始

采收。种瓜采收须后熟1周取籽。性耐涝、耐旱，多雨期易染根腐病。供炒食、腌制、烘干等加工，亩产3 000～3 200kg。

综合评价：嫩果圆球形，外皮绿色，定植到嫩果采收70～80天。

7.3.4 葫芦瓜

品种名称：葫芦瓜。

栽培历史：农家品种，栽培历史悠久。

产地分布：瓯海区、永嘉县等地山区或半山区均有种植。

植物学特征：植株蔓生攀缘，分枝性强，第3～5节开始分枝，分枝三级。主蔓长500cm，茎粗0.9cm，节间长13cm，表面密被白色柔毛，横断面呈近圆形。最大叶长20cm，宽27cm，心脏状五角形，全缘，深绿色柔软；叶柄长6.5cm，粗0.7cm，叶的正、背面及叶柄均密被白色柔毛。雌雄同株异花，花冠横径8cm，第一雌花着生在第一侧蔓第一节；第一雄花着生在主蔓5～6节。果实嫩果葫芦形，高25cm，横径16cm，外皮绿色，表面平滑，密被白色柔毛；顶部平圆而脐处微凹入；果柄长13cm，粗0.8cm，横断面呈近圆五棱形，绿色，被白色柔毛，基部稍粗。果皮厚0.3cm，果肉厚3.5cm，色洁白，瓜瓤厚5.3cm，白色，三室。味微甜，品质中等。单果重2.3kg，最大果重可达4kg以上。老熟瓜外皮黄白色，表面光滑，坚硬，可当水瓢。

农业生物学特性：从定植到嫩瓜采收90天，4月上旬播种，5月上中旬定植，6月上旬始花，7月上旬始采收。分枝性强，生长旺盛，采收期强，一直至霜降收完，种瓜采收须后熟1周取子。性耐涝、旱，多雨期易染根腐病。供炒食、腌制、烘干等加工，亩产4 000kg。

综合评价：嫩果葫芦形，外皮绿色，定植到嫩瓜采收90天。

7.4 丝瓜

学名：*Luffa* spp. 葫芦科

7.4.1 八棱瓜

品种名称：十棱瓜（又名八棱瓜）。
栽培历史：农家品种，栽培历史悠久。
产地分布：温州市郊、温州市属各县蔬菜基地均有种植。

植物学特征：植株蔓生攀缘，分枝性强。叶掌状五角形，长17cm，宽23cm，绿色，叶柄长15～20cm，粗2.6cm，叶面粗糙。雌雄同株异花，第一雌花着生在主蔓第6～9节，主侧蔓均结果。嫩果纺锤形，外有10条明显的棱角，深绿色，长29cm，横径5cm。老熟果土棕黄色。

农业生物学特性：从定植到嫩果采收70天。3月下旬播种，4月中旬定植，6月下旬始收，采收期长。抗热，耐旱、涝，抗病性强，主要害虫有守瓜。果肉嫩脆，味甜，食味好，供做汤菜或炒食。亩产约2 000kg。

综合评价：棱角十条，风味佳。

7.4.2 早熟八棱瓜

品种名称：八棱瓜（早熟）。

栽培历史：农家品种，栽培历史悠久。

产地分布：瑞安市各乡镇均有种植。

植物学特征：一年生草本植物，蔓生攀缘，以食用嫩瓜，分枝能力强，根系发达，叶掌状五角浅裂，蔓有五棱，雌雄异花同株，花冠黄色，雌花单生，子房下位，雄花总状花序，第一朵雌花生在主蔓第6～10节，果为瓠果，果实短棒形，外表有明显突出的棱角，表面有皱褶，果皮深绿色，长20～30cm，单瓜重250g，肉质致密，耐贮运，品质好。

农业生物学特性：八棱瓜一般3月中旬播种，4月定植，6月开始采收。生长期较长，定植至采收结束200天左右，耐旱、耐肥、耐热、耐涝，对土壤要求不严格，一般土壤都能生长，抗逆性强，产量高。

综合评价：棱角八条，风味佳。

7.4.3 青顶白肚丝瓜

品种名称：天罗瓜、碧玉丝瓜。

栽培历史：农家品种，栽培历史悠久。

产地分布：温州市郊各蔬菜基地均有种植。

植物学特征：植株蔓生攀缘，分枝性强。主蔓长600cm以上，粗0.7cm，基部细，上部细，节间长16～21cm，茎表密被刚毛，横断面呈五棱形。叶长35cm，宽25cm，深绿色，叶面粗糙，心脏状五角形，茎基部叶片的叶缘浅裂，上半叶片的叶缘深裂，边缘具锯齿；叶柄长8～13cm，粗0.8cm。雌雄同株异花，雌雄花常着生于同一节，花冠横径10～11cm，黄色。第一雌花着生在主蔓第5～8节，以主蔓结果，常2～3节连续着果，果实长棒形，果顶膨大，或上下等粗，长40cm，横径5.4cm，果形指数7.4。外表果肩青绿色，具绿条纹，中部及果顶白色。密生稍凸起皱纹及茸毛。皱纹近果肩密，顶部略疏；茸毛短细，白色，老熟后脱落。果柄长9～10cm，粗0.7cm，深绿色，横断面呈六角形。瓜顶短圆渐尖，果脐渐凸，花萼宿存。果横切面圆形，果皮厚0.2cm，果肉厚1.0cm，肉质细嫩，微甜，品质中等，瓜瓤厚1.5cm，白色。单瓜重0.35kg，大的可达1kg以上。单瓜有种子200～300粒，种子扁平椭圆形，黑色，表面具皱纹，种脐正，在瓜内不会发芽。

农业生物学特性：从定植到嫩瓜始收70天。3月下旬播种，播后5～8天出苗，4月中旬定植，5月中旬始花，5月下旬嫩瓜始收，采收期长，8月中旬至下旬种瓜成熟。抗热，耐涝，喜肥，抗病性强，但宜发生病毒病。亩产4 000kg。

综合评价：果实长棒形，果顶膨大。果肩看绿色、具绿条纹，中部及果顶白色。

7.4.4 青皮天罗瓜

品种名称：青皮天罗瓜。

栽培历史：农家品种，栽培历史悠久。

产地分布：温州市远郊及瓯海区丽岙一带有种植。

植物学特征：植株蔓生攀缘，分枝性中等。叶掌状五角形，长17cm，宽20cm，深绿色。第一雌花着生在主蔓第5～8节。嫩果长棒形，长75cm，粗3.5cm，果形指数21.4，黄绿色，有深绿色纵条纹10条；表皮粗糙，並有疣状突起，近蒂部有短茸毛。单果重1kg，老熟果土棕色。

农业生物学特性：从定植到嫩果采收70天，3月下旬至4月上旬播种，4月上旬至中旬定植，6月下旬始收，采收期长，抗热，耐旱、涝，抗病性强，主要害虫有守瓜。果肉质较脆，食味较好，供做汤菜或炒食，亩产3 500～4 000kg。

综合评价：嫩果长棒形，黄绿色，有深绿色，从纵条纹10条，表面粗糙，并有疣状突起。

7.5 越瓜

学名：*Cucumis melo* L. 葫芦科

7.5.1 白枝瓜

品种名称：白枝瓜。
栽培历史：农家品种，栽培历史悠久。
产地分布：温州市郊各蔬菜基地均有种植。

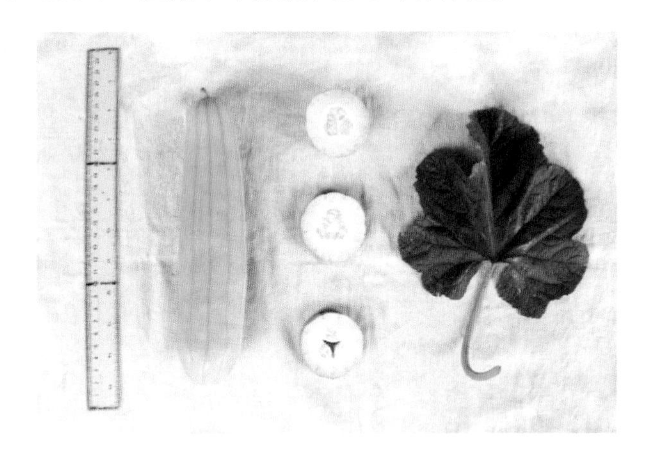

植物学特征：植株蔓生匍匐，有分枝3～5个。叶心脏形，浅绿色。第一雌花着生在侧蔓第1～3节。果实长圆筒形，绿白色，表皮平滑，有不明显的棱8～10条。单果重0.25kg。

农业生物学特性：从定苗到嫩果采收25天。5月中旬播种，常行套种，5月下旬定苗，6月中下旬采收。肉质细，皮薄，水分多，味淡，嫩瓜专供加工为酱瓜。亩产1 500kg。

综合评价：果实长圆筒形绿白色，表皮平滑，有不明显的棱8～10条。

7.6 南瓜

学名：*Cucurbita moschata* L. 葫芦科

7.6.1 金瓜

品种名称：金瓜、南瓜。

栽培历史：农家品种，栽培历史悠久。

产地分布：温州市山区、半山区栽培很普遍，但只作房前屋后隙地零星种植。

植物学特征：植株蔓生攀缘，分枝性中等。主蔓长300～400cm，茎粗1.0cm。叶长23cm，宽30cm，心脏状五角形，绿色，被刚毛；柄长22cm，粗1cm。雌雄同株异花，第一雌花着生在主蔓15～16节，第一雄花着生在主蔓5～8节。果实扁圆形，高16cm，宽32cm，果形指数0.47。外皮黄色或褐红色，表面具明显棱沟十余条，顶部平圆而脐处凹入。果柄长4～10cm，粗1.2～1.5cm，横断面呈五棱形，黄褐色，基部膨大，果实纵切面呈椭圆形，果皮较厚，果肉厚3～4cm，黄色质酥软，水分多，味淡，品质差，瓜瓤厚9cm，黄色或杏黄色。供熟食或饲料。单果重4～5kg，最大果重可达15kg。单瓜有种子80～100粒，种子长1.4cm，宽0.8～0.9cm，厚0.2cm，短纺锤形，黄白色，脐正，在瓜内不易发芽。

农业生物学特性：从定植到采收80天，3月下旬催芽3～4天后播种，10天出苗，苗期15天，4月下旬定植，5月中旬始花，7月上旬采收。性耐热，耐旱，喜肥，苗期易遭守瓜为害。多雨期易发生白粉病及根腐病，单株通常一果，亩产2 500kg。

综合评价：农家品种，果实扁圆形，外皮黄色或褐红色，表面具明显棱沟十余条，顶部平圆而脐处凹入。

7.6.2 麻疯瓜

品种名称：麻疯瓜。

栽培历史：农家品种，栽培历史悠久。

产地分布：原分布于温州市区九山一带，目前已很少种植。

植物学特征：植株蔓生攀缘，分枝性中等。叶掌状五角形，长19cm，宽18cm，深绿色，第一雌花着生在主蔓7～9节，嫩果外皮绿色，表面平滑，老熟果外表橙黄色，微被蜡粉，密生瘤状突起，故名麻疯瓜，扁圆形，高11cm，横径23cm，单果重2.5～3kg。

农业生物学特性：从定植到采收60天。4月上旬至中旬播种，5月上旬定植，7月上旬采收。性抗热，耐旱，抗病力强，主要害虫有守瓜。肉质粉，味甜，品质佳。老熟果供熟食。亩产2 000～2 500kg。

综合评价：嫩果外皮绿色，表面平滑，老熟果外表橙黄色，微被蜡粉，密生瘤状突起。

7.6.3 本地南瓜

品种名称：本地南瓜。

栽培历史：农家品种栽培历史悠久。

产地分布：瑞安市马屿、陶山、湖岭等山区乡镇均有种植。

植物学特征：一年生蔓生草本植物，耐热、耐干旱、耐强光照，适应性较强，生育旺盛，叶深绿色，叶面有刺毛，叶缘浅裂，瓜圆筒形，下部膨大，幼瓜墨绿色，成熟后皮黄金色，有蜡粉，单株结瓜5～10个，单瓜重2～3kg，肉质紧密、粉、品质优。

农业生物学特性：从定植到采收70天，4月上旬播种。5月上旬定植，7月中旬采收。由于南瓜对环境适应性极强，所以房前屋后，零星隙地均可种植，既可爬地栽培，也可搭棚吊蔓栽培。

综合评价：瓜圆筒形，下部膨大，幼瓜皮墨绿色，成熟后皮金黄色。

7.7 甜瓜

学名：*Cucumis melo* L. 葫芦科

7.7.1 白啄瓜

品种名称：白啄瓜(又名白梨瓜、白菊瓜、甜瓜卵)。

栽培历史：自引入栽培至今已有60余年。

产地分布：龙湾区、瑞安市、乐清市、苍南县、平阳县等地均有种植。

植物学特征：植株蔓生匍匐，分枝性较强，主蔓2～4节开始分枝，以侧、孙蔓结果。主蔓长240cm，茎粗0.55cm，节间平均长约5cm，茎表面密被白色短刺毛，断面近圆五棱形。最大叶长14cm，宽16.5cm，心脏状五角形，叶缘全缘，黄绿色，叶柄长17cm，粗0.5cm。雌雄同株异花，间有两性花。第一雌花着生在侧蔓2～3节，第二节连续着生雌花结果，第一雄花着生在主蔓3～5节。果实扁圆或近圆形，高8.7cm，横径10.5cm，外皮乳白色，果表平滑，果蒂、果肩略带淡黄色，观感好。果肩部果皮易生环状裂纹，顶部平圆而脐处略下凹，有浅沟10条，果柄长1～1.5cm，粗0.3～0.35cm，横断面近圆形，绿色，柄基稍膨大。果横切面呈圆形，果皮厚0.3cm，果肉厚2～3cm，肉白色，质地脆，水分多，味甜，含糖量高达13度。瓜瓤厚2.75cm，暗黄色。单果重0.35kg，最大果重0.75kg。单瓜有种子320～451粒，千粒重11g，种子长0.65cm，宽0.3cm，厚0.23cm，种皮淡土黄色，脐正，在瓜内不易发芽。

农业生物学特性：从播种到采收100天。3月下旬播种，4月中下旬定植，7月收获。抗病性较强，品质优良，亩产2 000kg。

综合评价：温州特色品种，果实扁圆或近圆形，外皮乳白色，果表平滑，果蒂，果肩略带淡黄色，果肩部果皮易生环状裂纹，顶部平圆而脐处略下凹有浅沟10条。

7.8 苦瓜

学名：*Momordica charantiap* 苦瓜

7.8.1 红瓤（红娘）

品种名称：红瓤（红娘）别名凉瓜、锦荔枝、癞葡萄、癞瓜。

栽培历史：农家品种，栽培历史悠久。

产地分布：屋前房后，零星栽培为主。瑞安市阁巷一带种植较多。

植物学特征：雌雄异花同株，花单生，花冠黄色，花具长柄，其上着生绿色盾状苞片。花小，长不超过 2 cm。果实纺锤形，有瘤状凸起，嫩果绿色，成熟时橙黄色，嫩果为食用器官。味苦，果长10cm，横径5cm，单果重70～100g。以生食包

裹种子的红色瓜瓤为主，瓜瓤甘甜无比，纯甜而不腻，口味极佳，属于水果特色的苦瓜品种。种子盾形，扁，浅黄色，表面有花纹。

农业生物学特性：4月份播种，7月初开始采收，采收期可延续40～50天。垄畦搭架栽培，每亩种植1 300株，预计亩产1 500kg。

综合评价：果实纺锤形，有瘤状凸起，嫩果绿色成熟时橙黄色，嫩果为食用器官。

八、豆　　类

8.1　菜豆

学名：*Phaseolus vulgaris* L. 豆科

菜豆温州市俗称龙芽豆，有矮生种（*P. vulgaris* var. *humilis* Alef.）和蔓生种（*P. vulgaris* L.）。栽培甚广，以后者为主，生长期短，上市早，调剂市场供应有一定作用。

8.1.1　矮脚龙芽豆

品种名称：矮脚龙芽豆。

栽培历史：自外地引入，栽培历史悠久。

产地分布：原分布于温州市区九山一带，目前已很少种植。

植物学特征：植株矮生，株高17cm，开展度35cm，花冠淡紫色，嫩荚浅绿色，长圆条形，先端喙细尖较长，横断面近椭圆形，长13cm，宽1cm，厚0.8cm，单荚重6.8g，每荚有种子4～6粒。种子中等大，肾形，白色。

农业生物学特性：早熟，从播种到嫩荚采收60天。3月上旬播种，中旬定植，5月中旬嫩荚，种荚采收6月中旬。性稍耐寒，易发生叶烧病，背腹缝线处纤维较蔓性种多，品质中等，嫩荚供鲜食。亩产300～400kg。

综合评价：植株矮生，高17cm，播种到嫩荚采收60天。

8.1.2 龙芽豆

品种名称：龙芽豆。

栽培历史：农家品种，栽培历史悠久。

产地分布：温州市郊各蔬菜基地均有种植。

植物学特征：植株蔓生，主茎4～5节着生第一花序，每花序有花朵5朵以上，花冠淡杏黄色，结果4～6荚。嫩荚绿色，长圆条形，横断面近圆形，长14cm，粗0.8cm，肉质厚。单荚重7.5g，种子中等大，肾形白色。

农业生物学特性：从播种到嫩荚采收80天，到老熟荚采收105天，3月上旬播种，3月中旬定植，5月下旬采收。性较耐寒，不抗炭疽病。肉质厚，背腹缝线处纤维较少，嫩脆，品质上等，鲜食或速冻加工，亩产鲜荚1 750kg。

综合评价：植株蔓生，播种到嫩荚采收80天。

8.2 豌豆

学名：*Pisum sativum* L. 豆科

8.2.1 紫花硬荚豌豆

品种名称：紫花硬荚豌豆。

栽培历史：农家品种，栽培历史悠久。

产地分布：瑞安市、永嘉县、顺泰县等地山区或半山区均有种植。

植物学特征：植株蔓生，高约150 cm，茎浅紫色，节间托叶基部紫色，节间长6cm，复叶小叶数6片，有卷须及分杈数3个，叶形椭圆形，小叶长5.5cm，宽为3.5 cm，叶色绿，叶面平，叶柄浅绿，托叶长6.0cm，宽为5.0 cm，托叶椭圆形。花冠大小中等，花冠鲜紫红色，第一花序着生节10～13节，花序

结荚数2个。嫩荚绿色，镰刀形，横断面扁圆形，长5 cm，宽1.5 cm，厚1 cm，先端喙粗短略弯，荚壳具羊皮纸膜。单荚重2.5～3.0g，老熟荚黄色，每荚有籽5～6粒，种子中等大，圆形，嫩籽绿色，老熟籽茶褐色，有近黑色斑点，表面光滑。

农业生物学特性：播种到采收嫩荚190天，10月下旬播种，翌年5月上旬至中旬采收，耐寒性强，嫩种子供鲜食，品质较白花豌豆差，亩产嫩荚约250kg。

综合评价：花冠鲜紫红色，每荚有籽56粒。

8.2.2 白花硬壳豌豆

品种名称：白花硬荚豌豆。

栽培历史：农家品种，栽培历史悠久。

产地分布：瑞安市、永嘉县、顺泰县等地山区或半山区均有种植。

植物学特征：植株蔓生，高约165 cm，茎绿色，节间长5.5cm，复叶小叶数6片，有卷须及分杈数3个，叶形椭圆形，小叶长5.5cm，叶宽3.5 cm，叶色绿，叶面平，叶柄浅绿，托叶长

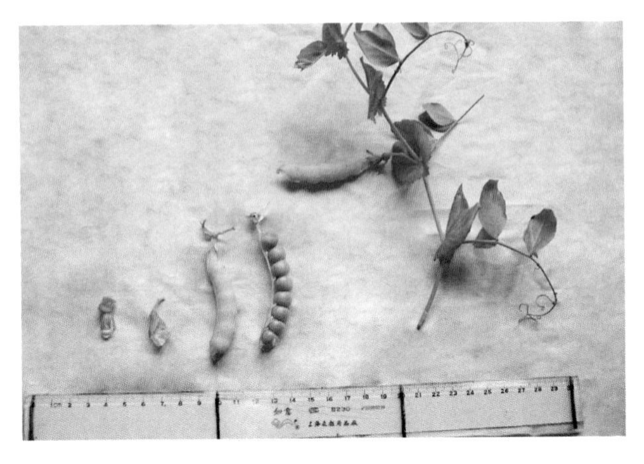

6.0cm，叶宽5.0 cm，托叶椭圆形。花冠大小中等，花冠白色，第一花序着生节10～12节，花序结荚数2个。嫩荚绿色，镰刀形，横断面扁圆形，长6 cm，宽1.2 cm，厚1 cm，先端喙粗短略弯，荚壳具羊皮纸膜。单荚重2.0～2.5g，老熟荚黄色，每荚有籽6～7粒，种子中等大，较紫花种略小，圆形，嫩籽绿色，老熟籽黄白色，表面光滑。

农业生物学特性：从播种到采收嫩荚190天，10月下旬播种，翌年5月上旬至中旬采收，耐寒性强，嫩种子供鲜食，品质较紫花豌豆优，亩产嫩荚约225～250kg。

综合评价：花冠白色，每荚有籽6～7粒。

8.2.3 紫花软荚豌豆

品种名称：紫花软荚豌豆。

栽培历史：农家品种，栽培历史悠久。

产地分布：瑞安市、永嘉县、顺泰县等地山区或半山区均有种植。

植物学特征：植株蔓生，高约155 cm，茎浅紫色，节间托叶基部紫色，节间长6.5cm，复叶小叶数6片，有卷须及分杈数

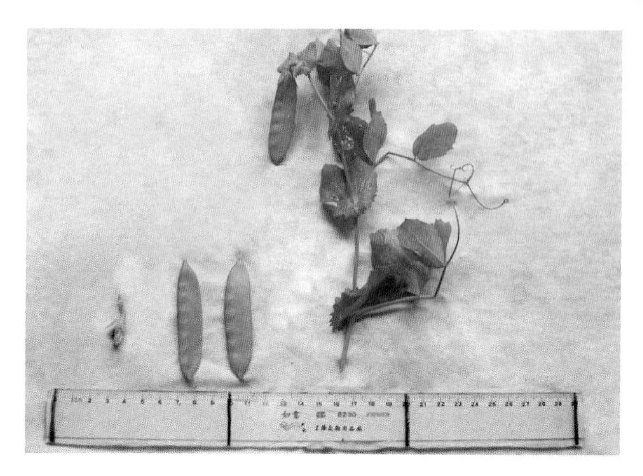

3个，叶形椭圆形，小叶长6.0cm，叶宽3.7 cm，叶色绿，叶面平，叶柄浅绿，托叶长6.5cm，叶宽5.0 cm，托叶椭圆形。花冠大小中等，花冠鲜紫红色，第一花序着生于第10～12节，花序结荚数2个。嫩荚绿色，镰刀形，横断面扁圆形，长7 cm，宽1.4 cm，嫩荚肉质厚，先端喙粗短略弯，荚壳不具羊皮纸膜。单荚重1.5～2.0g，老熟荚黄色，每荚有籽6～7粒，种子中等大，圆形，老熟籽茶褐色，有近黑褐色斑点，表面略皱缩。

农业生物学特性：播种到采收嫩荚180天，10月下旬播种，翌年4月下旬至5上旬采收，嫩荚背腹缝线处纤维少，荚壳嫩脆、爽口，品质好，供炒食。亩产嫩荚约22kg。

综合评价：花冠鲜紫红色，每荚有籽6～7粒，食嫩荚。

8.2.4 白花软壳豌豆

品种名称：白花软荚豌豆。

栽培历史：农家品种，栽培历史悠久。

产地分布：瑞安市、永嘉县、顺泰县等地山区或半山区均有种植。

植物学特征：植株蔓生，高约150 cm，茎绿色，节间长

5.5cm，复叶小叶数6片，有卷须及分杈数3个，叶形椭圆形，小叶长5.0cm，叶宽3.5 cm，叶色绿，叶面平，叶柄浅绿，托叶长5.2cm，叶宽4.8cm，托叶椭圆形。花冠大小中等，花冠白色，第一花序着生于第10～12节，花序结荚数2个。嫩荚绿色，镰刀形，横断面扁圆形，长8 cm，宽1.4 cm，嫩荚肉质厚，先端喙粗短略弯，荚壳不具羊皮纸膜。单荚重2.5g，每荚有籽5～6粒，种子中等大，圆形，黄白色，表面略皱缩。

农业生物学特性：生长期自播种到采收嫩荚180天，10月下旬播种，翌年4月下旬至5上旬采收，抗逆性较紫花种弱。嫩荚背腹缝线处纤维少，荚壳嫩脆、爽口，品质好，供炒食。亩产嫩荚约225kg。

综合评价：花冠白色，每荚有籽5～6粒，食嫩荚。

8.3 豇豆

学名：*Vigna sesquipedatis* Wight. 豆科

豇豆温州市栽培甚为普遍，为夏季主要蔬菜种类。所用品种均属长豇豆。

8.3.1 红尾

品种名称：红尾、一点红。

栽培历史：自杭州引入，栽培已多年。

产地分布：温州市郊各蔬菜基地均有种植。

植物学特征：植株蔓生，株高约300cm。花冠紫红色，嫩荚绿色，喙红色，故称红尾，长圆条形，横断面椭圆形，长54cm，粗0.9cm，单荚重20克，种子中等大、肾形，黑色。

农业生物学特性：播种到采收70天，3月下旬播种，4月上旬定植，6月上旬嫩荚始收，7月中旬末收，害虫有豆螟、蚜虫为害，较抗毒素病、炭疽病、锈病，不耐寒，忌高温，纤维少，品种上等，嫩荚供炒食。亩产3 000kg。

综合评价：嫩荚绿色，喙红色，故称红尾。

8.3.2 紫豇豆

品种名称：紫豇豆。

栽培历史：农家品种，栽培历史悠久。

产地分布：瓯海一区、藤桥一带及市郊半山区有种植。

植物学特征：植株蔓生，株高约400cm。花冠紫红色。嫩荚紫色，喙淡绿色，腹部缝线淡绿色，长圆条形，横断面椭圆形，长49cm，粗0.9cm，籽粒分布均匀。单荚重36g，种子中等大，肾形，紫黑色。

农业生物学特性：从播种到嫩荚采收85天。3月下旬播种，6月下旬采收。性耐热，抗炭疽病力强。

肉质细密嫩脆，品质佳，嫩荚供炒食。亩产3 500kg。

综合评价：嫩荚紫色，喙淡绿色。

8.3.3 青皮豇豆

品种名称：青皮红豆。

栽培历史：农家品种，栽培历史悠久。

产地分布：原分布于温州市郊将军桥一带，目前很少种植。

植物学特征：植株蔓生，株高约400cm左右。嫩荚青绿色，长圆条形，横断面椭圆形，长74cm，粗1cm，单荚重31g。每花序单生一荚与二荚各占半数，种子中等大，肾形。

农业生物学特性：播种到嫩荚采收75天，4月中旬播种，6月下旬采收。性耐热、耐旱，背腹缝线处纤维较多，易老脱壳，品质中等，嫩荚供炒食。亩产3 000kg。

综合评价：嫩荚青绿色。

8.3.4 八月豇

品种名称：八月豇。

栽培历史：农家品种，栽培历史悠久。

产地分布：瑞安市马屿、陶山、湖岭等山区乡镇为种植。

植物学特征：生长势强，喜温耐热；植株蔓生，无限生长型，分枝能力强，株高2～3m，叶绿色，叶片大，始花节位7节，鲜荚长25～35cm，鲜荚淡黄色相间紫色，种子红褐色。

农业生物学特性：秋季栽培从播种至始收约46天，采收期22～42天，一般在农历八月份采收。

综合评价：鲜荚淡黄色相间紫色。

8.3.5 文成豇豆

品种名称：文成豇豆台湾豇。

栽培历史：农家品种，栽培历史悠久。

产地分布：文成县各乡镇均有种植。

植物学特征：植株蔓生株高约350cm，茎绿色，节间长5～15cm，基部短，中部较长，复叶小叶数3，顶生小叶菱状卵形，长5～13cm，宽4～7cm，顶端急尖，基部近圆形或宽楔形，两面无毛，侧生小叶斜卵形；托叶卵形，长约1cm，着生处下延成一短距。总状花序腋生；萼钟状，无毛；花冠大小中等，花冠白色，第一花序着生节12～15节，常成对地或三数着生于细长的序轴柄末端。荚果长圆条形，浅绿色，下垂，长可达30～50cm。单荚重

25g，老熟荚黄色，每荚有籽20～30粒，种子中等大，肾形，红白相间。

农业生物学特性：播种到采收嫩荚80天，4月中旬播种，6月中下旬采收，耐热性强，品质中等，嫩荚供熟食，亩产嫩荚约1 500～1 700kg。

综合评价：荚果长圆条形、浅绿色。

8.3.6 乌豇

品种名称：乌豇、八月豇。

栽培历史：农家品种，栽培历史悠久。

产地分布：文成等县各乡镇均有种植。

植物学特征：生长势强，喜温耐热；植株蔓生，株高4m，叶绿色，叶片较大，始花节位7节，鲜荚长30～35cm。鲜荚紫红色。种子紫黑色。

农业生物学特性：秋季栽培从播种至始收约46天，采收期22～42天，一般在农历8月份采收。

综合评价：鲜荚紫红色、喜温耐热，适于秋播。

8.4 毛豆

学名：*Glycine max* 豆科

8.4.1 六月白

品种名称：六月白。

栽培历史：农家品种，栽培历史悠久。

产地分布：温州市郊及各蔬菜基地均有种植。

植物学特征：植株矮生，分枝多，高70cm，开展度50cm。叶卵圆形，绿色。茎及叶柄密生褐色茸毛。每节叶腋着生花序结荚，花冠紫红色。嫩荚绿色，老荚黄色，均密被褐色茸毛。荚长3.5cm，宽1cm，每荚含种子2～3粒。单株结80～95荚。重90～105g。种子中等大，椭圆形，淡黄色。

农业生物学特性：播种到嫩荚采收90天，到老熟采收100天以上。4月中旬播种，7月中下旬采收，性耐热、耐旱。嫩豆粒供炒食。亩产嫩荚350～400kg。

综合评价：种子中等大，种皮淡黄色。

8.4.2 六月乌

品种名称：六月乌。

栽培历史：农家品种，栽培历史悠久。

产地分布：温州市郊各蔬菜基地均有种植。

植物学特征：植株矮生，分枝多，高65cm，开展度45cm。叶长椭圆形，黄绿色，柄细长。嫩茎及叶柄均密生茸毛。每节叶腋着生花序、花冠紫红色。嫩荚绿色，老荚黄色，均被褐色茸毛。荚长3.7cm，宽1.1cm，每荚含种子1～3粒。单株结80～100荚。重93～115g，种子较大，椭圆形，黑色。

农业生物学特性：生长期自播种到嫩荚采收90天，到老熟采收100天左右。4月中旬播种，7月中下旬采收。性耐热、耐旱，嫩豆粒供炒食。亩产嫩荚350～400kg。

综合评价：种子较大，种皮黑色。

8.4.3 大粒种

品种名称：大粒种。

栽培历史：自外地引入栽培已数年。

产地分布：温州市郊各蔬菜基地均有种植。

植物学特征：植株矮生，分枝较疏。叶近棱形，绿色。嫩茎及叶柄均密生褐色茸毛。每节叶腋着生花序结荚，花冠淡紫色。每花序结1～6荚。嫩荚绿色，老荚黄色，均密被褐色茸毛。每荚含种子2～3粒，粒大，椭圆形，淡黄色。

农业生物学特性：从播种到采收150～160天。4月中旬播种，9月下旬采收。性耐热、耐旱，喜凉爽，干粒用。亩产嫩荚100～120kg。

综合评价：种子粒大，种皮淡黄色。

8.4.4 大粒乌

品种名称：大粒种。

栽培历史：自泰顺县引入，栽培已数年。

产地分布：温州市郊区零星种植。

植物学特征：植株矮生，分枝较疏，高100cm，开展度50cm。叶长卵形。嫩茎及叶柄均密生褐色茸毛。每节叶腋着生花序结荚。花冠淡紫色。嫩荚绿色，老荚黄色，均被褐色茸毛。荚长4.2cm，宽1.1cm，每荚含种子2～3粒。单株结荚80～90，重103～115g。种子粒大，椭圆形，黑色。

农业生物学特性：生长期自播种到嫩荚采收100天，到老熟采收120天左右，5月下旬至6月上旬播种，9月下旬至10月上旬采收。性耐热、耐旱，干粒用。亩产嫩荚100～120kg。

综合评价：种子粒大，种皮黑色。

8.5 扁豆

学名：*Dolichos lablab* L. 豆科

扁豆本市栽培虽普遍，但大多利用房前屋后园边隙地种植，大面积种植的较少。植株健壮，耐旱力强，管理简便，产量高。品种繁多。

8.5.1 早白扁豆

品种名称：早白扁豆。

栽培历史：农家品种，栽培历史悠久。

产地分布：温州市郊各蔬菜基地及各村均有种植。

植物学特征：植株蔓生，株高400cm以上，分枝性强，生长旺盛。主蔓3～4节着生花序，花冠白色，一般每花序结8～10荚。嫩荚绿白色，长8cm，宽1.5cm，镰刀形，横断面椭圆形。单荚重4g，每荚含种子3～5粒。种子中等大，扁圆形，黑色，脐白色。

农业生物学特性：从播种到嫩荚采收60天，到老熟采收80天。4月上旬播种，6月中旬始收，采收期延长至9月上旬末收。性喜凉爽，抗病毒病，抗炭疽病较弱；豆荚易遭豆荚螟、蛀心虫为害。嫩荚肉质较肥厚，背腹缝线处纤维较少，品质佳。嫩荚供炒食。亩产嫩荚2 000kg。

综合评价：4月上旬播种，6月中旬始收，早熟性好。

8.5.2 八月白扁豆

品种名称：八月白扁豆。

栽培历史：农家品种，栽培历史悠久。

产地分布：乐清市岭底、四都、淡溪有零星种植。

植物学特征：植株蔓生，株高300cm以上，分枝性强，生长旺盛。花冠淡紫红色，一般每花序结2～3荚。嫩荚绿白色，长×宽为7.5cm×2.0cm，镰刀形，横断面扁椭圆形。单荚重3.5g，每荚含种子4～5粒。种子中等大，扁圆形，黑色，脐白色。

农业生物学特性：4月下旬播种，8月中旬始收，9月下旬末收。性喜凉爽，高温易引起落花；耐旱，抗病毒病、炭疽病力强，嫩荚易遭豆螟、蛀心虫为害。品质中等，嫩荚供炒食，因系零星栽培，未统计单位面积产量。

综合评价：4月下旬播种，8月中旬始收，中熟品种。

8.5.3 红扁豆

品种名称：红扁豆。

栽培历史：农家品种，栽培历史悠久。

产地分布：乐清市柳市镇各村有较大面积种植。

植物学特征：植株蔓生，株高500cm以上，分枝性极强，生长势旺盛，占空间面积大。花冠紫红色，每花序结5～8荚。嫩荚紫红色，长×宽为8cm×2.5cm，镰刀形，横断面扁椭圆形。单荚重4.0g，每荚含种子3～4粒，种子粒较大，扁圆形，黑色。

农业生物学特性：3月中旬播种，7月中旬开始采收，11月下旬末收。性喜凉爽，耐旱、耐涝，抗病性强。荚果纤维较多，且较粗糙，品质中等。嫩荚炒食，亩产量750kg。

综合评价：嫩菜紫红色，3月中旬播种，7月中旬始收。

8.5.4 红边扁豆

品种名称：红边扁豆。

栽培历史：农家品种，栽培历史悠久。

产地分布：温州市郊各蔬菜基地及各村均有种植。

植物学特征：植株蔓生，株高500cm以上，分枝性强，生长旺盛。花冠紫红色，每花序结10荚以上。嫩荚绿白色，边缘紫红色，长11cm，宽2cm，镰刀形，横断面扁椭圆形。单荚重4.2g，每荚含种子2～4粒。种子中等大，扁圆形，紫色具黑花纹。

农业生物学特性：从播种到嫩荚采收150天，4月上中旬播种，9月上旬始收，10月下旬末收，性喜凉爽，耐旱、涝。有豆荚螟、蛀心虫为害，荚果质地较粗糙，品质中等，嫩荚供炒食。系零星种植，未统计单位面积产量。

综合评价：嫩荚绿白色，边缘紫红色，4月上中旬播种，9月上旬始收。

8.5.5 阔荚扁豆

品种名称：阔荚扁豆。

栽培历史：农家品种，栽培已久。

产地分布：温州市郊各蔬菜基地及各村均有种植。

植物学特征：植株蔓生，株高约300cm，生长势中等。花冠淡红色，每花序结10荚以上。嫩荚绿白色，背缝线淡绿色，长6～7cm，宽2.0～2.5cm，镰刀形，横断面扁平。单荚重2g，每荚含种子3～4粒，粒较小，扁圆形，黑色，脐白色。

农业生物学特性：生长期自播种到嫩荚采收130天，4月上旬播种，8月中旬陆续分次采收。性喜凉爽，耐旱、涝；害虫有豆荚螟、蛀心虫。品质较差，嫩荚供炒食。系零星种植，未统计单位面积产量。

综合评价：嫩荚绿白色，背缝线淡绿色，4月上旬播种，8月中旬始收。

8.5.6 泥鳅豆

品种名称：泥鳅豆，西风豆。

栽培历史：农家品种，栽培历史悠久。

产地分布：温州市郊各蔬菜基地及各村均有种植。

植物学特征：植株蔓生，株高400～500cm，分枝性强，长势旺盛。花冠白色，每花序结10荚以上。嫩荚绿白色，长9cm，宽1.2cm，扁条形如泥鳅，故名，横断面椭圆形。单荚重2.5g，每荚含种子4～5粒，籽粒饱满，中等大，圆形，红褐色，脐白色。

农业生物学特性：播种到嫩荚采收150天。4月上旬播种，9月上旬陆续采收。性喜凉爽，耐旱、涝，抗病力强。荚果质地较粗糙，品质中等。嫩荚供炒食。系零星种植，未统计单位面积产量。

综合评价：嫩荚绿白色，扁条形如泥鳅，4月上旬播种。9月上旬始收。

8.6 蚕豆

学名：*Vicia faba* L.（蚕豆）豆科

8.6.1 清江豆

品种名称：中信槐豆（又名清江豆、细豆）。

栽培历史：栽培历史悠久，但现在种植面积逐渐减少。

产地分布：瓯海区、龙湾区、瑞安市、乐清市等沿江沿海地带有种植。

植物学特征：植株直立，高100～120cm，有分蘖2～6个，长势旺盛。花冠淡紫色，翼瓣有黑晕；群体中亦有开白色花冠的。每花序结1～2荚，嫩荚深绿色，老荚黑褐色。每荚含种子2～3粒，籽粒饱满，中等大小，绿色，脐黑色；开白色花冠的脐绿白色。

农业生物学特性：从播种到嫩荚采收170天，到老荚采收190天左右。10月下旬播种，翌年4月中、下旬嫩荚采收，鲜嫩豆粒供菜用，5月上旬老熟采收。性耐寒。易染褐斑病和赤斑病。亩产300～350kg，干豆75～100kg。

蚕豆在温州市俗称槐豆。郊区各水稻地区栽培颇广，鲜豆粒供炒食，干豆粒可养豆芽，周年供菜用，对调剂市场供应有一定作用。栽培品种有中信、牛踏扁。以中信为主栽品种。过去尚有早槐豆，该品种成熟早，1月份即可上市，但产量过低。现在仅浙江瑞安市、平阳县水稻区尚有少量种植。

综合评价：每荚含种子2～3粒，播种到嫩荚采收170天，到老荚采收190天左右。

8.6.2 牛踏扁

品种名称：牛踏扁。

栽培历史：自宁波地区引入，栽培历史悠久。

产地分布：温州市郊沿江沿海水稻区。因生长期长，种植面积渐少。

植物学特征：植株直立较矮，高148cm，长势旺盛，分蘖性较弱。花冠淡紫色，翼瓣有黑晕。每花序结1～2荚。嫩荚深绿色，老荚黑褐色。每荚含种子1～3粒，籽粒大，绿色，脐黑色。

农业生物学特性：播种到嫩荚采收180天，到老熟采收210天左右。10月下旬播种，翌年4月下旬至5月上旬嫩荚采收。性耐寒，易染枯萎病、轮纹病。嫩粒供菜用。亩产嫩荚325～400kg，干粒100kg。

综合评价：每荚含种子1～3粒，播种到嫩荚采收180天，到老熟采收210天左右。

8.6.3 蚕豆

品种名称：本地蚕豆。

栽培历史：自宁波地区引入，自留种栽培多年。

产地分布：乐清市各地有零星栽培。

植物学特征：植株直立，株高95cm，长势较旺盛，分枝3～5个。6出复叶，单叶椭圆形，叶色嫩绿，叶长9.5cm，叶宽4.2 cm，花冠粉白色，花序结1～2荚，单株结荚一般在8～12个，嫩荚深绿色，老熟荚褐黑色，每荚含种子2～3粒，嫩粒种呈青白色，长×宽为2.2cm×1.5 cm，老粒种呈灰褐色，脐黑色。

农业生物学特性：10月下旬播种，翌年4月下旬至5月上旬采收嫩荚。性耐寒，易染枯萎病、赤斑病、锈病。嫩粒供菜用。亩产嫩荚500kg，干粒130kg。

综合评价：每荚含种子2～3粒，产量高。

8.6.4 钱仓早蚕豆

品种名称：钱仓早蚕豆。

栽培历史：钱仓种植早蚕豆历史悠久。

产地分布：主要在钱仓镇的方家、白水等村种植， 面积最大时达3 000多亩。

植物学特征：二年生草本植物，茎方形中空有棱，羽状复叶，短总状花序、腋生。每一花梗上生着1至数朵花，花呈蝶形，花冠淡紫色，荚果大而肥厚，荚果结1至数（4）粒种子，种子椭圆扁平。

钱仓早蚕豆豆粒含蛋白质23%～26.5%，脂肪1.2%～2%，碳水化合物48%，纤维和无机质11%，还含有丰富的维生素，食味鲜美。其在蚕豆中以上市特早而具独特的商品价值。钱仓早蚕豆早在20世纪40年代前就畅销上海、温州等地。1972年美国总统尼克松访华时，特于农历腊月廿六采摘钱仓早蚕豆鲜荚运送杭城，以尝时鲜，更使其特早的名声一时大振。

农业生物学特性：在日平均气温17℃左右(霜降前后)播种，花期1～3天，果期1～4月。为不失其鲜嫩特点，应及时分批（3～6次）采摘鲜荚，一般年份从2月中旬始摘至4月上旬，亩收鲜荚600～900kg。

综合评价：早熟、产量高。

8.7 绿豆

学名：*Phaseolus aureus* Roxb. 豆科

8.7.1 黄花绿豆

品种名称：黄花绿豆。

栽培历史：农家品种，栽培历史悠久。

产地分布：乐清市四都、南岳等地有少量种植。

植物学特征：植株矮生，株高55cm，开展度45cm，地上部无分蘖。三出复叶，单叶戟状心形，有1对明显对称的裂缺，先端突尖。黄冠淡黄色，较小，每花序结3～4荚。荚圆条形，横断面近圆形，荚长9.5cm，粗0.5cm，嫩荚绿色，老熟荚黑褐色，老熟荚单荚重2.4g，每荚含种子7～11粒，种子粒小，褐绿色，脐白色，脐周围有紫褐色晕。

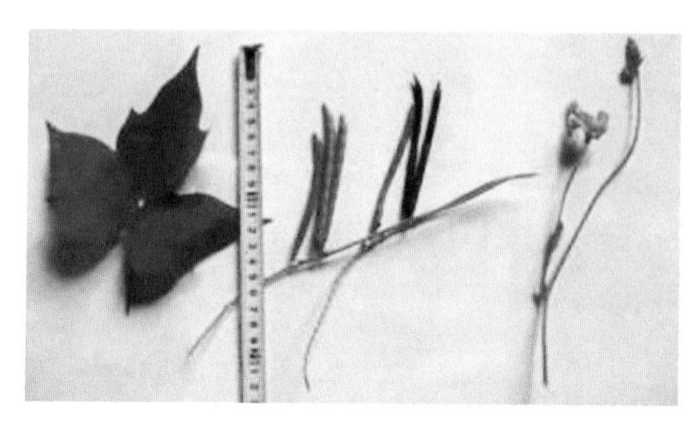

农业生物学特性：5月下旬播种，7月下旬采收。籽粒熟食熬制绿豆汤或生产绿豆芽供菜用。亩产干籽70kg。

综合评价：花冠淡黄色，较小。

8.7.2 青花绿豆

品种名称：青花绿豆。

栽培历史：农家品种，栽培历史悠久。

产地分布：乐清市四都、南岳等地有少量种植。

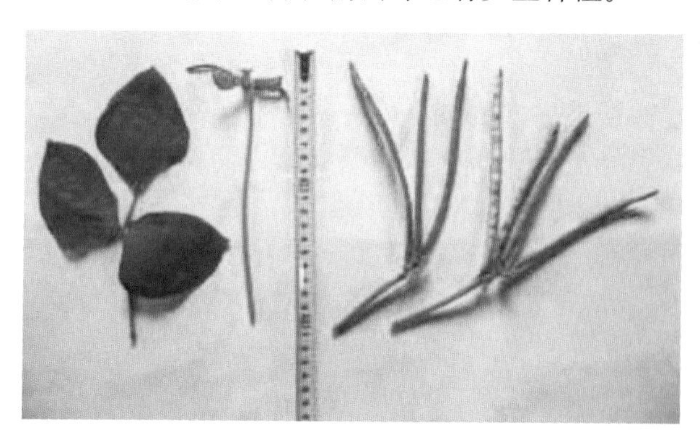

植物学特征：植株矮生，株高85cm，开展度60cm，地上部无分蘖。三出复叶，单叶三角状卵形，无明显裂缺，先端钝尖。花冠青绿色，中等大小，每花序结3～4荚。荚扁条形，横断面近椭圆形，荚长16cm，宽0.9cm，嫩荚绿色，老熟荚灰褐色，老熟荚单荚重3.3g，每荚含种子8～13粒，籽粒较黄花绿豆大，浅绿色，脐白色，脐周围有棕绿色晕。

农业生物学特性：5月下旬播种，7月下旬采收。籽粒熟食熬制绿豆汤或生产绿豆芽供菜用。亩产干籽90kg。

综合评价：花冠青绿色，中等大小。

8.8 菜豆

学名：*Phaseolus limensis* Uacf. 豆科

8.8.1 白花四季豆

品种名称：白花四季豆。

栽培历史：农家品种，栽培历史悠久。

产地分布：永嘉县等地山区或半山区均有种植。

植物学特征：植株蔓生，茎绿色，略带紫纹，节间长25cm，复叶3片，无卷须，叶形心形，小叶长8.5cm，叶宽10cm，叶色深绿，叶面少量刺毛，叶柄绿色。花冠小，花冠淡杏黄色，第一花序着生节2～3节，花序结荚数4～6个。嫩荚绿色，无条纹，扁条形，横断面椭圆形，荚长20cm，宽1.2cm，厚0.9cm，先端喙粗短略弯，单荚重17g，老熟荚黄色，每荚有籽6～8粒，种子中等大，肾形，老熟籽白色，表面光滑。

农业生物学特性：从播种到采收嫩荚80天，到老熟荚采收105天，3月上旬播种，5月下旬采收，性较耐寒，不抗炭疽病，肉质厚，背腹纤维中，脆嫩，品质好，嫩荚供鲜食，亩产嫩荚约1 800kg。

综合评价：花冠小，花冠淡杏黄色。

8.8.2 红花四季豆

品种名称：红花四季豆、紫花四季豆。

栽培历史：农家品种，栽培历史悠久。

产地分布：永嘉县等地山区或半山区均有种植。

植物学特征：植株蔓生，茎绿色，略带紫纹，节间长25cm，复叶3片，无卷须，叶形心形，小叶长8cm，叶宽10cm，叶色深绿，叶面少量刺毛，叶柄绿色。花冠小，花冠紫红色，第一花序着生节2～3节，花序结荚数4～6个。嫩荚绿色，无条纹，扁条形，横断面椭圆形，荚长15 cm，宽1.0 cm，厚0.8 cm，先端喙粗短略弯，单荚重10g，老熟荚黄色，每荚有籽6～8粒，种子中等大，肾形，老熟籽紫红色，表面光滑。

农业生物学特性：从播种到采收嫩荚80天，到老熟荚采收105天，3月上旬播种，5月下旬采收，性较耐寒，不抗炭疽病，肉质厚，背腹纤维少，脆嫩，品质好，嫩荚供鲜食，亩产嫩荚约1 600kg。

综合评价：花冠小，花冠紫红色。

8.8.3 利马豆

品种名称：利马豆（大粒型），又称皇帝豆，御豆，贡豆。

栽培历史：农家品种，清朝定编的泰顺县志《分僵录》记载有300多年历史。

产地分布：泰顺县山区有种植。

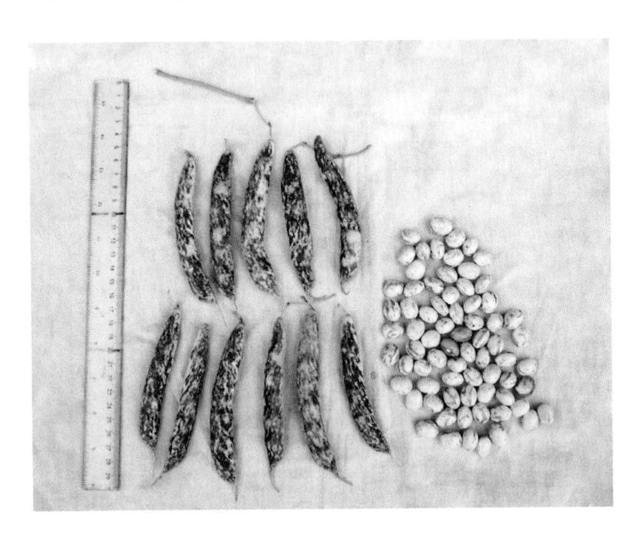

植物学特征：大粒利马豆为圆锥根系，主根长达3～4m，高攀缘蔓生茎，茎高2.5～5.0m，主茎分枝5～10个；三出复叶、互生，小叶阔三角形；花为腋生总状花序，花序上有许多小花，花梗长约15cm，花长8～11mm，羽瓣和龙骨瓣合生，旗瓣浅灰绿色，羽瓣白色；荚果扁平、长方形或直扁弯曲镰刀状，荚果长5～12.5cm，宽1.8～2.8cm，每荚含种子1～4粒，无限结荚习性，少有裂荚；种子多为肾形，种皮紫色斑纹，脐白色，百粒重170g左右，出苗时子叶出土。

农业生物学特性：大粒利马豆对光照反应不很敏感，房前屋后一些光照不足的地方种植也可正常生长；花荚期遇高温干旱或低温都会造成落花；比菜豆耐寒，但不耐霜冻；比菜豆耐湿、耐水淹，花荚期植株浅水浸泡48h，虽造成花荚脱落，但水退后仍可继续生长并开花结荚，同时也比较耐旱，因此既可以在旱地种植，也可在水田上栽培；重黏土和水浸地上生长不良，适宜于排水良好、通气、肥沃的土壤上生长；pH为4.5～8.5范围均能生长，不耐连作。4月上旬播种， 7月上旬至11月中旬采收，嫩种子供鲜食或干豆子浸泡后食用。大粒利马豆营养丰富，其干豆籽含蛋白质22.2%、碳水化合物70.3%，而脂肪含量仅占1.5%，并富含17种氨基酸、多种维生素和矿物质。亩产干豆籽约180kg。

综合评价：地方特色品种，种子多为肾形，种皮紫色斑纹，脐白色营养丰富。

8.8.4 龙爪豆

品种名称：龙爪豆。

栽培历史：农家品种，栽培历史悠久。

产地分布：瓯海区山区各乡、村房前屋后，田头院边少量种植。

植物学特征：植株蔓生，生长势强，分枝性强，高500cm以上。复叶3片，无卷须，叶形心形，小叶长14.3cm，叶宽7.9 cm，

叶色绿色，叶面光滑，叶柄绿色。花冠大，花冠紫色。嫩荚绿色，密被白色纤毛，荚粗壮，横断面椭圆形，荚长18cm，宽2.0cm，厚1.2cm，先端喙短尖。荚壳羊皮纸膜发达，老熟变坚硬，不能食用。单荚重约26.5g。每荚含种子3～8粒，粒大，椭圆形，黑褐色，脐黑色，表面光滑，种子不能食用，只能食用荚壳。

农业生物学特性：从播种到采收嫩荚约110天，5月上旬播种，8月下旬开始陆续采收，一直至11月中旬，抗逆性极强，容易栽培，嫩荚有特殊气味，荚壳入沸水氽熟晒干供食用。

综合评价：每荚含种子3～8粒，粒大，椭圆形，黑褐色，脐黑色，表面光滑，种子不被食用，只能食用荚壳。

8.9 刀豆

学名：*Canavalia gladiata* DC. 豆科

8.9.1 刀豆

品种名称：刀豆。

栽培历史：农家品种，栽培历史悠久。

产地分布：温州市郊山区、半山区及市属各县（市、区）各乡、村均有种植。

植物学特征：植株蔓生、分枝性强，节间长。高500cm以上。三回复叶，单叶倒卵形，深绿色。总状花序，花冠白色，后转粉红色。豆荚扁平，呈刀形，绿色，荚肉浅绿色。横断面扁平，荚长29.5cm，宽4.5cm，厚1cm，先端喙短尖。荚壳羊皮纸膜发达，老熟变坚硬，不能食用。每荚含种子7～12粒，粒大，肾形，暗红色，脐黑色，表面光滑。嫩荚有特殊气味，须刨片入沸水氽熟晒干供食用。

农业生物学特性：该品种晚熟、抗旱、耐涝；耐热力较

强，抗寒力较弱。从播种到嫩荚采收80天。4月上旬播种，5月下旬开花，6月下旬嫩荚始收。穴距60cm，每穴2株。靠篱笆、树木攀缘生长。挖穴施基肥，追肥2次。单株产荚10余个，亩产量1 000～1 500kg。

综合评价：豆荚扁平，呈刀形，宽大，有特殊气味，须刨片入沸水氽热晒干供食用。

8.10 小菜豆

学名：*Phaseolus lunatus* L. 豆科

8.10.1 白银豆

品种名称：白银豆。

栽培历史：农家品种，100多年栽培历史。

产地分布：以瑞安市荆谷乡为中心，梅屿、顺泰、淘山等周边乡镇均有种植。

植物学特征：温州白银豆，豆科菜豆属小菜豆种，为一年生蔓生植物，可割蔓再生，茎长可达400cm，分枝性强，茎绿色，叶为3出复叶，小叶卵圆形，先端略尖，深绿色，花冠小，旗瓣淡绿色，翼瓣先白色，后黄色，龙骨瓣淡绿色，第1花序着生在主茎第2～3节，每个花序可结4～8荚。荚果镰刀形，嫩荚绿色，老熟荚暗黄色，先端具短而上翘的喙，荚壳羊皮纸膜发达，背腹缝线纤维多，质地坚硬。每荚含种子2～4粒，白色，表面光滑近肾形，鲜嫩种子大小约为1.0cm×1.2cm，老熟种子千粒重约500g。主根不发达，侧根粗壮而多，入土100cm。白银豆为喜温类蔬菜。

农业生物学特性：温州地区一般于3月上中旬利用塑料小拱棚播种育苗，4月上旬当气温稳定进行移栽，开花结果适宜温度为20～25℃，30℃以上开花不结荚，12℃以下茎叶停止生长，豆荚难以成熟田间积水和土壤温度过高对其生长不利。沙质或沙壤土均可种植，以土层深厚、富含钙质，排水良好的沙壤土为最宜。

综合评价：地方特色品种，每荚含种子2～4粒，白色，表面光滑，近肾形。

九、葱 蒜 类

9.1 分葱

学名：*Allium fistulosum* var. *caespitosum* Makino. 百合科

9.1.1 常葱

品种名称：常葱。

栽培历史：农家品种，栽培历史悠久。

产地分布：乐清市各地均有零星种植。

植物学特征：植株高35cm，开展度14cm，分蘖性强。叶细管状，绿色，叶长31cm，横茎0.8cm，无蜡粉。葱白（假茎）圆筒形，绿白色，葱白长5cm，横茎1.2cm，基部鳞片卵圆形，单丛株重160g。

农业生物学特性：分株繁殖，春季在3月下旬至5月上旬；秋季在8月上旬

至9月上旬定植；可周年采收供应，耐热和抗寒均较强。肉质细，香气浓，品质佳，供调味。亩产1 200kg。

综合评价：葱白短，分株繁殖，可周年采收供应。

9.1.2 薰葱

品种名称：薰葱。

栽培历史：农家品种，栽培历史悠久。

产地分布：乐清市各地均有零星栽培种植。

植物学特征：植株高55cm，开展度23cm，分蘖性较常葱稍弱。叶细管状，绿色，叶长37cm，横茎0.5cm，无蜡粉。葱白（假茎）绿白色，圆筒形，长14cm，粗0.7cm。基部鳞片卵圆形，外表红色。单丛重165g。

农业生物学特性：以鳞茎繁殖。9月上旬播种，12月至翌年3月陆续采收。抗寒力强，不耐热，越夏时鳞茎呈休眠状态。香气较淡，品质中等，供调味。亩产1 300kg。

综合评价：葱白较长，以鳞茎繁殖，9月上旬播，抗寒力强，不耐热。

9.1.3 年葱

品种名称：年葱， 又名常葱、分葱、四季香葱。

栽培历史：农家品种，栽培历史悠久。

产地分布：瓯海区慈湖一带及瑞安湖岭一带有种植。

植物学特征：植株高45cm，分蘖性强。叶细管状，长35cm，宽0.9cm，叶深绿色，叶鞘白色，基部稍现红色，假茎（葱白）圆筒形，长8～13cm，粗0.8～1.5cm。单丛重0.2kg。

农业生物学特性：分株繁殖，也可用种子繁殖。春季3月下旬至5月上旬；秋季8月上旬至9月上旬分株定植，可周年采收供应。性耐热，抗寒，香气浓，品质佳，供调味。亩产1 000～1 200kg。

综合评价：葱白长度中等，分株繁殖，也用种子繁殖，可周年采收供应。

9.1.4 文成扁葱

品种名称：文成扁葱（宽叶韭菜）。

栽培历史：农家品种，栽培历史悠久。

产地分布：文成县南田及其他各乡镇均有小面积种植。

植物学特征：植株高58cm，丛生。丛生分蘖性强，每株丛分蘖数约为24～30。叶带形，比普通韭菜宽，叶长41cm，宽1.5cm，厚0.3cm，深绿色，叶中间茎浅绿色。叶鞘长10cm，

绿白色。假茎扁圆条形，白色，长10cm，粗1cm，单丛重0.3～0.6kg。

农业生物学特性：分株繁殖，也可用种子繁殖。分株繁殖生长期自定植到采收150～180天，9～10月分株定植，翌年2～3月始收，每年可收5～6次。该品种香味较浓，有少量纤维，品质较佳，耐寒性较强，亩产约2 500kg。

综合评价：叶带形，葱白长度中等，分株繁殖，也可用种子繁殖。

9.2 洋葱

学名：*Allium cepa* L. 百合科

9.2.1 红皮洋葱

品种名称：红皮洋葱。

栽培历史：自外地引入，栽培历史悠久。

产地分布：温州市龙湾区永强沿海一带有种植。

植物学特征：植株高82cm，叶先端斜生，鳞茎横切面鳞片排列成2～4个同心圆。叶粗管状，深绿色，被蜡粉，叶鞘紫红色，假茎圆筒形。鳞茎扁圆形，高5.5cm，横径8.1cm，外表鲜紫色，单个重0.35kg。

农业生物学特性：定植到采收210天，9月下旬播种，11月定植，翌年5月下旬至6月下旬收获。抗逆性强，质脆味甜，辛辣有香气，品质中等，供熟食或加工。亩产4 000kg。

综合评价：鳞茎外表鲜紫色，定植到采收210天。

9.2.2 白皮洋葱

品种名称：白皮洋葱。

栽培历史：自外地引入，栽培已多年。

产地分布：温州市龙湾区永强一带有种植。

植物学特征：植株高80cm，叶先端斜生，鳞茎横切面鳞片排列成2～3个同心圆。叶粗管状，绿色，叶鞘绿白色，假茎圆筒形。鳞茎扁圆形，高4.5cm，横径7cm，外表白色，有浅绿色条纹，肉质白色。单个重0.27kg。

农业生物学特性：较早熟，从定植到采收195天，9月中下旬播种，11月定植，翌年5月上旬至下旬采收。抗逆性不及红皮种，肉质细嫩，味甜稍辛辣，品质佳，适于加工。亩产3 500kg。

综合评价：鳞茎外表白色，有浅绿色条纹，定植到采收195天。

9.3 韭菜

学名：*Allium odorum* L. 百合科

9.3.1 本地韭菜

品种名称：本地韭菜。

栽培历史：农家品种，栽培历史悠久。

产地分布：乐清市各地均有小面积种植。

植物学特征：植株高30cm，丛生分蘖性强，每株丛分蘖单株30～35株，单丛株重210g。叶形窄条，最大叶长25cm，叶宽0.6 cm，叶厚0.08cm，绿色。假茎扁圆条形，白色，基部稍现紫红色。肉质根白色，长12cm，粗0.15cm，每株丛肉质根重410g。

农业生物学特性：一般采用分株繁殖，也可用种子繁殖。分株繁殖一般9～10月分株定植，次年2～3月始收，每年可收5～6次。种子繁殖一般露地栽培3～5月播种，翌年4月可采收。该品种香味较浓，有少量纤维，品质较佳，耐寒性较强，亩产2 500kg。

综合评价：本地农家品种，叶形窄条，香味较浓。

9.4 大蒜

学名：*Allium sativum* L. 百合科。

9.4.1 本地大蒜

品种名称：本地大蒜。

栽培历史：农家品种，栽培历史悠久。

产地分布：瓯海区梧埏区一带有种植。

植物学特征：植株株高85cm，无分蘖。叶带形，长66cm，宽2.4cm，深绿色。假茎高26cm，粗1.8cm；叶鞘下部白色，上部绿白至深绿。全株有叶9片，叶面无蜡粉。鳞茎扁圆形，高3.2cm，横径5.2cm，外皮白色带紫红色条纹，内有蒜瓣10～13

个；鳞茎盘横径2.3cm。单个鳞茎（即蒜头）重41g。

农业生物学特性：蒜瓣播种到蒜头采收210天，10～12月蒜瓣播种，株高20cm可始收；采食蒜薹在花苞未开放时采收。4～5月采收蒜头。蒜瓣味辣，香气浓，品质中等，供生食或加工。亩产蒜头2 000～3 000kg。

综合评价：蒜瓣大，味辣香气浓，也可采食蒜叶。

9.4.2 红皮早蒜

品种名称：红皮早蒜、平阳早蒜、大蒜。

栽培历史：农家品种，栽培历史悠久。

产地分布：瓯海区、瑞安市、平阳县、苍南县一带有种植。

植物学特征：植株株高48cm，无分蘖。叶带形，长40cm，宽1.7cm，深绿色。假茎圆筒形，高7.5cm，粗1cm。叶鞘下部白色，上部绿白至深绿，外皮略带红色。全株有叶片6片。叶面无蜡粉。鳞茎扁圆形，高3cm，横径3.5～4.5cm，外皮白色带紫红色条纹，内有蒜瓣20多个，因蒜瓣小而多，宜作青蒜、蒜薹栽培用种。

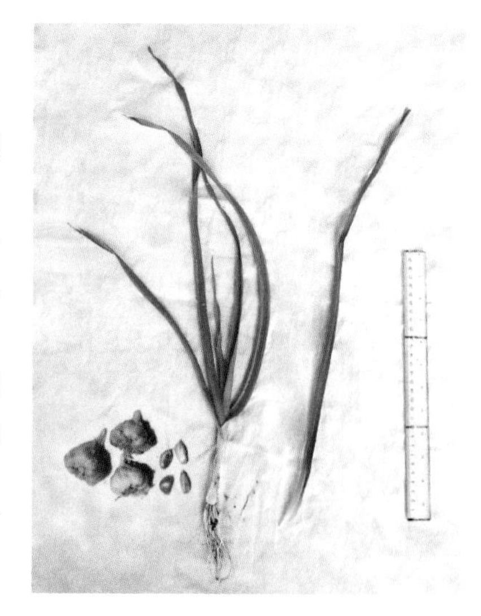

农业生物学特性：蒜瓣播种到蒜头采收200天，10～11月份蒜瓣播种，采食蒜叶，株高20cm可始收；采食蒜薹在花苞未放时采收。4～5月采收蒜头。蒜瓣味辣，香气浓，品质中等，供鲜食或加工。亩产1 000kg。

综合评价：蒜瓣小而多，宜作青蒜，蒜薹食用。

十、薯芋类

10.1 芋

学名：*Colocasia esculenta* Schott. 天南星科

10.1.1 白卵芋

品种名称：白卵芋。
栽培历史：农家品种，栽培历史悠久。
产地分布：永嘉县山区或半山区均有种植。
植物学特征：植株地上部分高110 ～140cm，开展度

90 ～100cm，分蘖性强。叶梗长100 ～130cm，宽5 cm，厚1.0cm，可作饲料或供食用。不抽花梗。母芋圆球形，重1 132g。有子、孙芋约44个，重约3 150g。

农业生物学特性：播种到采收160天，4月上旬播种，9月下旬开始采收，属旱芋。抗病虫，耐热，喜肥，球茎贮藏性强，品质中等，供熟食或冷冻加工，亩产3 000kg。

综合评价：叶鞘绿色，母芋圆球形，个大，肉白多黏液，耐热。

10.1.2 乌脚茎芋

品种名称：乌脚茎芋。

栽培历史：农家品种，栽培历史悠久。

产地分布：永嘉县山区或半山区均有种植。

植物学特征：植株地上部分高110～135cm，开展度95～105cm，分蘖性强。叶鞘紫色， 叶梗长135cm，宽4.6 cm，厚1.3cm，可作饲料或供食用。不抽花梗。母芋球形，型小，重288g。有子芋约38个，重约1 913g。

农业生物学特性：从播种到采收150天，4月上旬播种，9月下旬至10月上旬开始采收，属旱芋。抗病虫，耐热，喜肥，球茎贮藏性强，品质中等，供熟食或冷冻加工，亩产2 000kg。

综合评价：旱芋叶鞘紫色，母芋球形，个小，耐热。

10.1.3 红花芋

品种名称：红花芋。

栽培历史：农家品种，栽培历史悠久。

产地分布：永嘉县山区或半山区均有种植。

植物学特征：植株地上部分高140cm，开展度120cm，分蘖性中等。叶鞘紫色，叶梗长136cm，宽6.5 cm，厚1.6cm，可作饲料或供食用。不抽花梗。母芋球形，重1 228g。有子芋约18个，重约1 170g。

农业生物学特性：播种到采收170天，4月上旬播种，9月下旬至10月上旬开始采收，属旱芋。抗病虫，耐热，喜肥，球茎贮藏性强，水分少，淀粉多，食味好，品质佳，供熟食或冷冻加工，亩产2 000kg。

综合评价：旱芋，叶鞘紫色，母芋球形，个大生粉，耐热。

10.1.4 贼愁

品种名称：贼愁。

栽培历史：农家品种，栽培历史悠久。

产地分布：温州市郊各蔬菜基地及水稻区有种植。

植物学特征：植株地上部分高98cm，开展度51cm，分蘖性强。叶鞘紫红色，叶梗长96cm，宽4.5cm，厚1.1cm，可作饲料或食用，不抽花梗。母芋长圆形，重0.21kg；子、孙芋41～52个，重1.5～1.8kg。

农业生物学特性：从播种到采收180天。4月上旬播种。9月下旬采收。属水芋。抗病虫、耐热、喜肥、不耐旱。球茎贮藏性强，水分少，淀粉多，品质较佳。供熟食或冷冻加工，亩产1 750～2 000kg。

综合评价：水芋，叶鞘紫红色，母芋大圆形，个小，生粉，耐热。

10.1.5 黄畚箕芋

品种名称：黄畚箕芋。

栽培历史：农家品种，栽培历史悠久。

产地分布：永嘉县山区或半山区均有种植。

植物学特征：植株地上部分高135cm，开展度110cm，分蘖性中等。叶鞘浅黄色，叶梗长135cm，宽6.0 cm，厚1.5cm，可作饲料或供食用。不抽花梗。母芋球形，重900g。有子芋约25个，重约1 550g。

农业生物学特性：从播种到采收170天，4月上旬播种，9月下旬至10月上旬开始采收，属旱芋。抗病虫，耐热，喜肥，球茎贮

藏性强，品质中等，供熟食或冷冻加工，亩产2 200kg。

综合评价：早芋，叶鞘浅黄色，母芋球形，个大，耐热。

10.1.6 人头芋

品种名称：人头芋。

栽培历史：农家品种，栽培历史悠久。

产地分布：永嘉县山区或半山区均有种植。

植物学特征：植株地上部分高130cm，开展度110cm，分蘖性弱。叶鞘绿色，叶梗长130cm，宽6.5 cm，厚1.6cm，可作饲料或供食用。不抽花梗。母芋球形，重1 450g。有子芋约18个，重约780g。

农业生物学特性：从播种到采收170天，4月上旬播种，9月下旬至10月上旬开始采收， 属旱芋。抗病虫，耐热，喜肥，球茎贮藏性强，品质中等，供熟食或冷冻加工，亩产2 000kg。

综合评价：旱芋，叶鞘绿色，母芋球形，个大，耐热。

10.2 薯芋（山药）

学名：*Diosorea alata* L. 旋花科

10.2.1 红薯

品种名称：红薯。

栽培历史：农家品种，栽培历史悠久。

产地分布：温州市郊山区，半山区及瑞安市有种植。

植物学特征：植株蔓性，丛生分枝多，茎有棱翅。叶对生，箭形，绿色，叶脉绿白色；叶面光滑，叶柄细长，叶腋能着生零余子。肉质根长18cm，横径7.2cm，外皮暗褐色，肉质紫红色。单根重1.5～2kg。

农业生物学特性：生长期自播种到采收230天。4月上旬播种。11月下旬采收。属田薯，抗病虫力强，抗耐热耐旱，忌涝。肉质根耐贮藏，肉质细，淀粉多，食味佳，品质优，供熟食。亩产2 000kg。

综合评价：肉质根长，枝粗，外皮暗褐红，肉质紫红色。

10.2.2 火滚筒

品种名称：火滚筒。

栽培历史：农家品种，栽培历史悠久。

产地分布：温州市郊山区，瑞安市半山区有种植。

植物学特征：植株蔓性丛生，分枝多，茎有棱翅。叶对生，近心脏形，先端锐尖，绿色，叶面光滑；叶腋能着生零余子。肉质根长28cm以上，横径4.5cm，肉质白色。单根重1.0～2.0kg。

农业生物学特性：播种到采收200天以上。4月上旬播种，10月下旬采收。属田薯。抗病虫，抗耐热耐旱，忌涝。肉质根耐贮藏，肉质细腻，黏液多，品质不及红薯，供熟食。亩产2 500kg。

综合评价：肉质根细长，肉质白色。

10.2.3 扫帚薯

栽培历史：农家品种，栽培历史悠久。

产地分布：温州市郊山区，瑞安市半山区有种植。

植物学特征：植株蔓性丛生，分枝多，茎有棱翅。叶互生，箭形，先端尖，绿色，叶面光滑；叶柄细长。肉质根块状，先端分叉，长12cm，宽11cm，肉质白色。单根重2.0kg。

农业生物学特性：播种到采收200天以上。4月上旬播种，10月下旬采收。属田薯。抗病虫，抗耐热耐旱，忌涝。肉质根耐贮藏，品质不及红薯，供熟食。亩产2 500～3 000kg。

综合评价：肉质根块状，先端分叉，肉质白色。

10.3 马铃薯

学名：*Solanum tuberosum* L. 茄科

10.3.1 白皮小种

品种名称：白皮土豆。
栽培历史：农家品种，栽培历史悠久。
产地分布：永嘉县地山区或半山区均有种植。

植物学特征：植株株高47cm，开展度51cm，半蔓性匍匐丛生。叶互生，羽状复叶，绿色，叶面有茸毛。结薯数多，薯块小，椭圆形或圆形。外皮淡黄色，肉质淡黄色。单薯重35g，单株薯产量0.8kg。

农业生物学特性：播种到采收100天，1月下旬至2月上旬播种，5月上旬至6月上旬开始采收， 属白皮种。易染青枯病，贮藏性好，肉质细，淀粉多，食味好，供熟食。亩产750～1 000kg。

综合评价：块茎外皮、淡黄色、肉质淡黄色。

10.3.2 红皮土豆

品种名称：红皮马铃薯。

地方名称：土豆、洋芋。

栽培历史：农家品种，栽培历史悠久。

产地分布：泰顺县山区有种植。

植物学特征：一年生草本植物。块茎繁殖，须根系。块茎发芽后，先从幼芽基部长出初生根，后在茎的叶节处抽出匍匐茎，发生3～5条匍匐根。初生根呈水平方向扩展约30cm后转而向下伸长，深达60～70cm，形成主要吸收根群。匍匐根主要向水平方向伸长约20cm。匍匐茎尖端短缩膨大形成块茎。块茎椭圆形，皮红色，肉白色，上分布很多呈螺旋状排列的芽眼，脐部周围芽眼分布较密，顶部较稀。地上茎绿色，横断面棱形，呈假二叉分枝。茎上各叶腋均能发生侧枝。初生叶为单叶，心脏形，后发生的叶为奇数羽状。叶柄基部着生托叶。伞形花序，花冠五角轮状，花白色。球形浆果，种子细小，肾形。

农业生物学特性：早熟品种，产量较低，休眠期长。一般为早春播种，从出苗到块茎成熟的天数为60～70天。食用块茎。

综合评价：块茎外皮红色、肉白色。

10.4 姜

学名：*Zingiber officinale* Bosc. 蘘荷科

10.4.1 姜

品种名称：红芽姜。

栽培历史：农家品种，栽培历史悠久。

产地分布：永嘉县、文成县等地山区或半山区均有种植。

植物学特征：植株株高78cm，开展度60cm，地上部分有分蘖片小株，茎粗1.4cm。叶片披针开、翠绿色，平行叶脉。地下根茎膨大成块，表皮土黄色，节密不光滑，肉蜡黄色；嫩芽粉红色，长成后转淡黄色。单株根茎重0.75kg。

农业生物学特性：从播种到采收180天。清明前湿沙催芽，4月上旬播种，9月下旬采收。性喜温暖、湿润、忌高温、不耐寒。抗病力强，贮运性好。味辛辣，供调味或加工姜粉、提姜油等。亩产2 000kg

综合评价：味浓辛辣。

十一、水生蔬菜类

11.1 茭白

学名：*Zizania latifolia* Turez. 禾本科

11.1.1 早茭

品种名称：早茭、茭笋。

栽培历史：农家品种，栽培历史悠久。

产地分布：瑞安市、乐清市、文成县、永嘉等县均有较大面积种植。

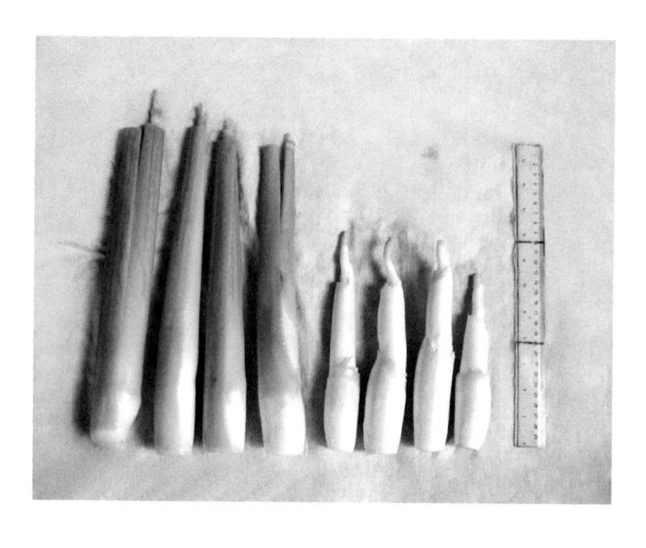

植物学特征：植株株高200～210cm，分蘖性中等。叶剑形，绿色。肉质茎长27～30cm，横径3.2～3.7cm。长圆条形较细长，上端稍带绿色，中下部洁白。肉质纯白色。单茎重75g。

农业生物学特性：定植到采收160天，3月下旬定植，9月上旬始收。抗热性强，易发生稻瘟病，易受台风影响。肉质嫩脆，品质中等。供熟食。亩产800～1 000kg。

综合评价：早熟、定植至采收160天，单茭小。

11.1.2 中茭

品种名称：中茭、茭笋。

栽培历史：农家品种，栽培历史悠久。

产地分布：瑞安市、乐清市、文成县、永嘉县等县均有较大面积种植。

植物学特征：植株株高200～240cm，分蘖性中等。叶剑形，绿色。肉质茎长28～34cm，表面皱缩。绿白色，肉质白色。单茎重135g。

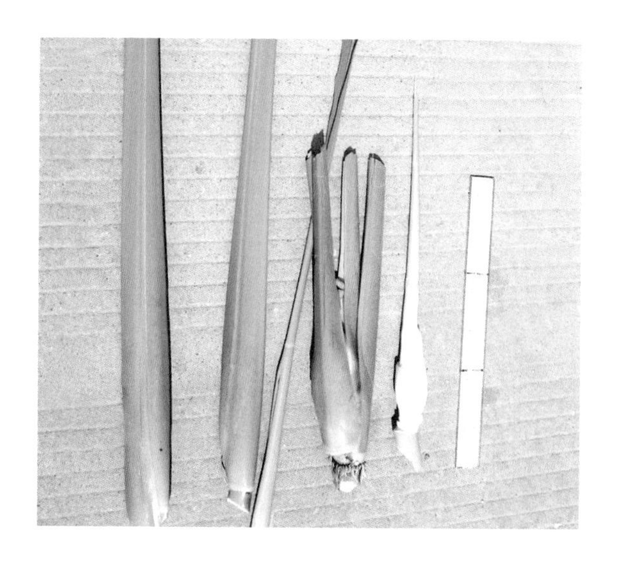

农业生物学特性：从定植至采收180天，4月上旬定植，10月上旬始收。抗热，易染稻瘟病，易受台风影响。肉质松脆，品质佳。供熟食。亩产1 000～1 500kg。

综合评价：中熟种，定植至采收180天，单茭较大。

11.2 荸荠

学名：*Heleocharis dulcis* Trin 莎草科

11.2.1 本地荸荠

品种名称：本地荸荠。

栽培历史：农家品种，历史悠久。

产地分布：鹿城区临江及乐清市、平阳县等地有种植。

植物学特征：植株水面部分直立丛生，高85cm。单小丛叶状茎14条左右，针状细长，深绿色。茎上无叶，中空，内有横隔薄膜。球茎扁圆形。各节着生褐色鳞片叶，外皮黑紫红色，光泽鲜亮，肉质水白色。顶芽尖，侧芽明显。单茎重20g。

农业生物学特性：多年生水生作物，自定植到采收150天。抗热，抗病虫。块茎耐贮运。肉质细嫩而脆，品质佳，主要供作水果食用，或作菜肴配料。可供生食、熟食或罐藏。

综合评价：球茎扁圆形，外皮黑紫红色、肉质水白色，单茎重20g。

11.3 菱

11.3.1 黄菱

学名：*Trapa bicornis* Osbeck. 菱科

品种名称：黄菱。

栽培历史：农家品种，历史悠久。温州黄菱品种是二角菱中的扒菱。

产地分布：瓯海区三垟一带有种植。

植物学特征：植株水面叶丛开展度53cm。叶羽状，绿色，菱形。叶片长11cm，宽7cm；柄长15cm，绿色。果二角，向下，嫩果外皮青绿带紫色；果肉白色。单果重20～25g。

农业生物学特性：从分植到采收70天。2月下旬播种，4月上旬育苗，6月下旬分植。田里种植8月中旬始收，河里种植9月中旬始收。耐寒抗热，抗风，抗病。果肉淀粉多，供熟食或制淀粉。

综合评价：有两个菱角，老熟供熟食或制淀粉。

11.4 莲

学名：*Nelumbium speciosum* 睡莲科

11.4.1 白莲

品种名称：白莲、子莲。

栽培历史：农家品种，历史悠久。

产地分布：乐清市、文成县、泰顺县等地均有大面积种植。

植物学特征：白莲是多年生水生宿根植物，根可分为种子根和不定根两种，种子播种所长出的由种子胚根形成的主根不发达，发挥功能作用的是不定根。白莲的茎为地下茎（根状茎），在土中横生分支蔓延，生长前期的地下茎叫走鞭或莲鞭，生长后期其前端数节明显膨大变粗为"藕"。走鞭上有节，节上可再分生走鞭，并密生须根，向上抽生叶片及花梗。

白莲的叶片分为三种，即钱叶、浮叶和立叶，形状为圆盾形。实生苗幼苗期浮在水面上的叶称钱叶，一般四片，其中两片在胚芽内就已具备；无性系苗即用地下茎藕繁殖的幼苗及成苗期浮于水面的叶称浮叶；伸出水面的称立叶。叶先于花，它是进行光合作用制造光合产物的器官。

白莲为完全花，雌雄同花，莲花从出水现蕾到开花需15天左右，形状多为长桃形，粉红色。当荷花凋谢了后，花梗上便结出一个个莲蓬，呈漏斗状，又似倒圆锥形，黄绿色，直径10～15cm。蓬内有许多蜂窝似的小孔，莲子就长在小孔中。莲子长1.6～1.8cm，横径1.1～1.2cm，粒重1.2～1.5g。莲子的外壳极为坚硬，表皮有厚的角质层，可防止病菌和昆虫的侵害。莲子去壳为种子，由种皮、子叶和胚三部分组成。胚芽绿色，由两片大小不同的幼叶和一个顶芽组成。加工后白莲产品莲子颗大粒圆，皮薄肉厚，清香甜润、香醇爽心。莲子的营养价值高，即是一种人人喜爱的高级滋补食品，又是馈赠亲友的名品。莲子芯和全株均可入药。

农业生物学特性：采用种子播种的实生苗，随着地下茎的生长，其节上陆续长出浮叶，在出现4～6片浮叶后便开始出现立叶，进入成苗期。实生苗自催芽后播种到立叶抽生的幼苗期需30～40天。用种藕繁殖的无性苗，清明前后移栽，萌芽时叶芽向上生长，并长出几片浮叶，然后种藕先端的顶芽向前生长成走鞭，生长2～3节，长出2～3片浮叶后开始抽生立叶，标志着其生长进入成苗期。这一时期一般为20～30天。在成苗期白莲的地下部分和地上部分同步生长，速度较快，3～6天地下茎延长一节，气温高所需时间短。从植株开始现蕾到出现终止叶为花果期。莲花是陆续开放的，花期自5月中旬至10月初，历时90～140天。

一般情况下，始蕾期为5月中旬至5月下旬，莲株开始花芽分化并抽生花蕾。始花期为5月底至6月上旬，盛花期为6月中下旬至7月下旬或8月初，花蓬期为7月下旬至8月下旬，这时期有大量莲蓬成熟，莲蓬后期为8月底至9月底或10月初，这时期基本没有或仅有少量花朵开放，莲田大量莲蓬已经采完，仅留后期成熟的莲蓬。

自植株地上部分变黄枯萎，地下藕形成，直到翌春叶芽、顶芽开始萌发止为越冬期，也叫休眠期，一般为5个月左右。

越冬期的特点是原来的植株除了新形成的藕外，其他部分均已枯死，藕处于休眠状态，在泥中越冬，生命活动微弱。此时留种田要保持泥皮水层，以利种藕安全越冬。

综合评价：白莲为完全花，谢了结莲蓬，内长莲子。

11.4.2 莲藕

品种名称：红莲、藕莲、莲藕。

栽培历史：农家品种，历史悠久。

产地分布：瓯海区、鹿城区、乐清市、文成县、泰顺县等地均有种植。

植物学特征：莲藕是多年生水生宿根植物。莲藕的根可分为种子根和不定根两种，种子播种所长出的由种子胚根形成的主根不发达，发挥功能作用的是不定根。茎为地下茎（根状茎），在土中横生分枝蔓延，生长前期的地下茎叫走鞭或莲鞭，生长后期其前端数节明显膨大变粗为“藕”。走鞭上有节，节上可再分生走鞭，并密生须根，向上抽生叶片及花梗。

实生苗幼苗期浮在水面上的叶称钱叶，一般4片，其中2片在胚芽内就已具备；无性系苗即用地下茎藕繁殖的幼苗及成苗期浮于水面的叶称浮叶；伸出水面的称立叶。叶先于花。

莲藕雌雄同花，莲花从出水现蕾到开花需15天左右，形状多为长桃形，粉红色。当荷花凋谢了后，花梗上便结出一个个莲蓬，呈漏斗状，又似倒圆锥形，黄绿色，莲蓬和莲子较小。

地下茎的膨大部分即莲藕，藕呈短圆柱形，外皮粗厚，光滑，灰白色或淡土黄色，内部白色；节部中央膨大，内有左右排列对称、大小不同的孔道若干条；藕切开后有丝黏连；单节藕体长15～25cm，横切面6～8cm，单节藕体重0.3～0.4kg；微甜而脆嫩，可生食也可做菜，而且药用价值相当高，是老幼妇孺、体弱多病者上好的食品。莲藕的根、叶、花、须、果实均可入药。

农业生物学特性：采用种子播种的实生苗，随着地下茎的生长，其节上陆续长出浮叶，在出现4～6片浮叶后便开始出现立叶，进入成苗期。实生苗自催芽后播种到立叶抽生的幼苗期需30～40天。用种藕繁殖的无性苗，清明前后移栽，萌芽时叶芽向上生长，并长出几片浮叶，然后种藕先端的顶芽向前生长成走鞭，生长2～3节，长出2～3片浮叶后开始抽生立叶，标志着其生长进入成苗期。这一时期一般为20～30天。

从终止叶的出现到地上部分莲叶枯萎止为成藕期。这一时期莲的地上部分生长缓慢，植株体内营养的流向由地上部分转入地下部分，最后长出一片较小而厚、背面微红、叶柄向前弯的终止叶，一般在9月中旬前后出现终止叶。终止叶的出现标志着当年已不再长新叶，而转入结藕阶段。此时地下茎的先端逐渐增粗肥大，积累和贮藏丰富的营养，形成肥大的地下茎，这就是藕。一般藕的形成需要20天左右。

成藕期的特点是植株地上部分生长缓慢，但植株体内的营养物质的转化加速，地下茎增粗肥大。成藕期的管理要求浅水灌溉，提高土温，加速藕的形成。

自植株地上部分变黄枯萎，地下藕形成，直到翌春叶芽、顶芽开始萌发止为越冬期，也叫休眠期，一般为5个月左右。

越冬期的特点是原来的植株除了新形成的藕外，其他部分均已枯死，藕处于休眠状态，在泥中越冬，生命活动微弱。此时留种田要保持泥皮水层，以利种藕安全越冬。

综合评价：藕呈短圆柱形，外皮粗厚，光滑，灰白色或淡土黄色，内部白色。

十二、多年生及特色蔬菜

12.1　竹笋

学名：*Phyllostachys* spp. 禾本科

12.1.1　毛竹笋

品种名称：毛竹笋。

栽培历史：自古粗放栽培。

产地分布：温州市郊山区、半山区有种植。

植物学特征：植株大小视栽培地土层深浅、土质肥瘠而定。一般株高5～8m，粗10～15cm。冬天横走茎的芽在土中成

长壮大称冬笋，笋箨淡黄色，被浓密黄褐色茸毛。笔头形，体小，重约0.1～1kg。春天出土的春笋形大，重2.5kg，大的可达10余kg。笋箨赭褐色，有黑色斑点，密被黄褐色茸毛，笔头形。

农业生物学特性：冬笋采掘时一般未出土，冬天采收；春笋4～5月出土，即行采收。肉质脆嫩，味鲜美，品质优。供鲜食、干制或罐藏。

综合评价：冬笋笋箨淡黄色，被浓密黄褐色茸毛，体小；春笋笋箨赭褐色，有黑色斑点，密被黄褐色茸毛，体大。

12.2 黄花菜

学名：*Hemerocallis fulva* L. 百合科

品种名称：黄花菜。

栽培历史：自古粗放栽培。

植物学特征：黄花菜本市通称金针，郊区仅有少量栽培。系多年生宿根草本，丛生叶呈半直立生长。叶长95cm，宽1.5cm，绿色，横断面呈V形。花茎高110cm，高出叶丛，上着花26～39朵。花冠金黄色，有香味，品质优良。

农业生物学特性：黄花菜属无性繁殖，丛生作物。种苗宜选用生长5～6年的苗株健壮的宿根。花期6月中旬至7月下旬。亩产干品200～250kg。

综合评价：花冠金黄色，可鲜食或干制炒食。

12.3 蕨菜

学名：*Pteridium aguiliuum* (L.) Kühn var. *latius* Culum (Desu) Vuderw. 凤尾蕨科

蕨菜是蕨(俗称驮狼箕、蕨箕）的嫩叶芽。系生于山区的

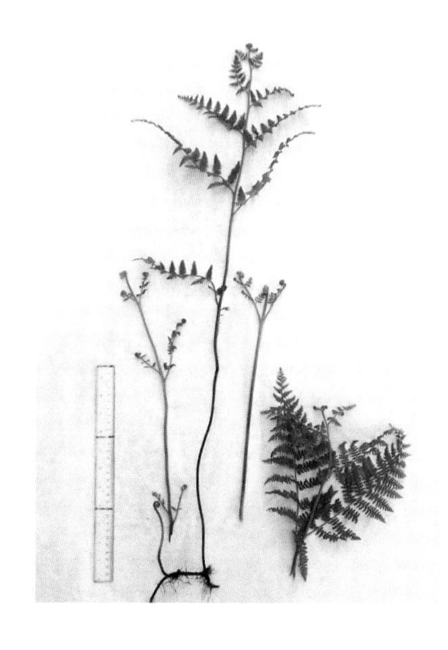

多年生野生草本蕨类植物。叶自地下根状茎（横状茎）上长出，三或四回羽状复叶，绿色，叶柄棕色，经霜枯死。翌年三四月间自地下根状茎上长出嫩叶芽，长约10cm，粗0.5cm，绿色，外密披褐色茸毛。须及时采收，烫漂干制或腌制成风味小菜，也可鲜食。

综合评价：根状茎上长出嫩叶芽，绿色外密披褐色茸毛。

12.4 棉菜

学名：*Gnaphalinm multicsps* Unll. 菊科

中名鼠曲草，俗称棉菜，山野自生，植株矮小，自茎基部分枝，贴地展开，高14cm，开展度27cm。茎、叶绿色，茎表面及叶片两面均密被白毛茸毛，故称棉菜。叶长5cm、宽1cm，倒披针形，无柄。清明节前采嫩梢和入米粉蒸熟捣成粑糯，有清香味。

综合评价：茎、叶绿色，表面均密被白毛茸毛。

12.5 花生

学名：*Arachis hypogaea* 豆科

12.5.1 本地花生

科属分类：豆科蝶形花亚科落花生属落花生种。

品种名称：本地花生、大红袍、落花生、长生果、地豆。

栽培历史：农家品种，栽培历史悠久。

产地分布：瓯海区、永嘉县等地山区、半山区有种植。

植物学特征：花生为圆锥根系，入土可达1m多，但主要分布在地面下30cm左右的耕作层中。 根上着生直径1～3mm

的豇豆族根瘤菌。主茎直立，绿色，中上部呈棱角状。主茎高35cm，分枝性强，有分枝18个。1次分枝上着生2次分枝和花序。叶互生，为4小叶偶数羽状复叶，叶片长椭圆形。总状花序，每个花序一般可着生4～7朵花，形成长花枝，蝶形花，橙黄色，旗瓣上带有深浅程度不同的紫红色条纹。雄蕊10个，2个退化，8个具有花药。柱头羽毛状，子房基部有子房柄，受精后一群能分生的细胞迅速分裂，约经3～6天，伸长形成绿色带紫的果针，一般长10～15cm。其伸入土中，尖端会形成乳白色小小的豆荚（花生豆荚），果针伸长后向地生长，将子房送入土中，达到一定深度后，子房开始向水平方向生长发育而形成荚果。这时需要黑暗条件。荚果本身也有一定的吸收功能，其发育所需要的钙质，都由荚果直接从土壤中吸收。

荚果果壳坚硬，成熟后不开裂，室间无横隔而有缢缩（果腰）。每个荚果有2粒种子，果壳表面有网络状脉纹。种子（即食用果仁）椭圆形，种皮粉红颜色。

农业生物学特性：早熟品种。从播种到采收100天左右。4月下旬至5月播种，8月采收。亩用种量10多kg，亩产量200～300kg。

综合评价：荚粗短，每个荚果有2粒种子。

12.6 冬寒菜

学名：*Malva verticillata* L. 锦葵科

品种名称：冬寒菜，又称马蹄菜。

栽培历史：农家品种，栽培历史悠久。

产地分布：泰顺县山区有种植。

植物学特征：两年生草本植物，根系较发达，直播的入土30cm以上，侧根分布直径60cm以上，茎直立，采摘后分枝多。叶互生、圆形，叶面微皱褶，叶缘波状，柄长。花簇生于叶

腋，淡红或白色。蒴果，扁圆形。种子细小，黄白色，肾形，扁平，千粒重8g。

农业生物学特性：喜冷凉湿润气候，一般为秋季播种，5～7天出苗，可露地越冬，春末开花，入夏种子老熟。食用幼苗或嫩梢，作汤或炒食，口感滑利。

综合评价：食用幼苗或嫩梢，作汤或炒食，口感滑利。

12.7 苦荬菜

学名：*Lactuca indic* L. 菊科苦荬菜属

品种名称：苦荬菜，别名苦麻菜、苦苣等。

栽培历史：农家品种，栽培历史悠久。

产地分布：文成县、泰顺县等地均有零星种植。

植物学特征：一年生或越年生草本，植株高50～80cm，开展度40cm。茎直立，茎叶折断处有乳白色汁液出现。叶披针形，最大长44cm，叶宽7cm，叶先端钝尖，叶缘近全缘，叶绿色，叶面平滑，无软刺毛，有少量蜡粉。花为头状花序，花冠黄色，两性花。瘦果长椭圆形，稍扁有棱。种子千粒重1.6g左

右。食嫩叶和茎皮，微苦味，根、花及种子可入药，有清热解毒、治痢疾的功效。

农业生物学特性：苦荬菜从春到秋，即2～8月份均可播种，但主要以春、秋两季为主。直播的株行距30cm×20cm，进行条播或穴播，育苗的当苗长至9～10片叶时定植。根据需要也可在保护地内播种。苦荬菜宜密植，如过稀则不仅影响产量，而且会促使茎秆老化，降低品质。苦荬菜可一次性采收，也可分次掰叶采收，但为了延长采收期，一般多行掰叶采收，即每次每株只掰下外叶5～6片后，再让其生长，以待下次采收。每次采收的间隔为7天左右。供鲜食、药用或作饲料。

综合评价：泰顺、文成特有品种，连续采收，吃叶，茎皮。

12.8 紫背天葵

学名：*Gynurra bicofor* DC. 菊科

品种名称：紫背天葵，俗称红菜、补血菜、观音菜。

栽培历史：农家品种，栽培历史悠久。

产地分布：瑞安市、梅屿乡、顺泰乡有连片种植，其他乡镇有零星种植。

植物学特征：宿根长绿草本植物，以嫩茎叶为蔬菜食用的半栽培种，地下块茎肉质。叶卵状心形，先端渐尖，基部心形，边缘有不规则的尖锯齿，叶面绿色，背面紫红色，肉质多汁。春秋两季还会开出黄橙色绒樱小花。全草入药，性味功能：甘淡凉。清热解毒，润燥止咳，散瘀消肿。

农业生物学特性：紫背天葵常见于农家院旁，现有人工扦插连片栽培。紫背天葵抗性强，生长势旺，耐热、耐旱、耐瘠，栽培容易，病虫害少，是一种可以补充淡季蔬菜市场的品种，周年可以露地生产。

综合评价：叶面绿色，背面紫红色，可做菜不可做中药。